鲜花生
干燥技术

任广跃　陆应　曹伟伟　著

化学工业出版社
·北京·

内容简介

花生富含脂肪、蛋白质和多种维生素和微量元素，是我国极为重要的粮油作物之一。中国是花生生产和消费第一大国，产量占全球产量的36%以上，鲜花生的干燥处理就显得极为重要，一旦处理不当，将导致鲜花生霉变和出芽，造成浪费。《鲜花生干燥技术》以鲜花生高效干燥工艺为核心，介绍了鲜花生热风-热泵联合干燥、微波-热风耦合干燥、红外-喷动床联合干燥技术，着重分析了工艺参数对于花生品质、营养保留率以及能耗的影响。

本书适宜从事食品加工的专业人士参考。

图书在版编目（CIP）数据

鲜花生干燥技术 / 任广跃，陆应，曹伟伟著. — 北京：化学工业出版社，2022.11
ISBN 978-7-122-42229-3

Ⅰ．①鲜⋯ Ⅱ．①任⋯ ②陆⋯ ③曹⋯ Ⅲ．①花生-食品加工-干燥 Ⅳ．①TS225.1

中国版本图书馆 CIP 数据核字（2022）第 171219 号

责任编辑：邢　涛
责任校对：刘曦阳　　　　　　　　　　　　装帧设计：韩　飞

出版发行：化学工业出版社（北京市东城区青年湖南街 13 号　邮政编码 100011）
印　　装：北京科印技术咨询服务有限公司数码印刷分部
710mm×1000mm　1/16　印张 10¾　字数 185 千字　2023 年 5 月北京第 1 版第 1 次印刷

购书咨询：010-64518888　　　　　　　　　　售后服务：010-64518899
网　　址：http://www.cip.com.cn
凡购买本书，如有缺损质量问题，本社销售中心负责调换。

定　　价：98.00 元　　　　　　　　　　　　　版权所有　违者必究

前　言

　　中国是世界第一花生生产大国，根据粮农组织统计数据，2020年，我国花生种植面积477万公顷，占全球总种植面积的16.01%；总产量1826万吨，占全球总产量的36.10%。花生是我国极为重要的粮油作物之一，其产量的50%左右用于油料生产，并在饲料、医药、保健等领域发挥巨大作用。花生在我国25个省（市、自治区）都有种植，主产地为河南、山东、江苏和辽宁等地区，其总产量可达全国花生总产量的60%以上。

　　花生富含脂肪、蛋白质及微量元素等，其中的维生素A、维生素B_6、维生素E、维生素K、赖氨酸、脑磷脂等对人体凝血止血、抗衰老、增强记忆力有促进作用；白藜芦醇可有效预防肿瘤、动脉粥样硬化等疾病。然而刚收获的鲜花生含水率较高，脱壳后的花生仁含水率甚至高达50%左右，且花生高产区（如河南、山东、江苏等）在收获季会出现频繁的阴雨天气，若不及时对鲜花生进行干燥处理，将导致花生的霉变和出芽，造成巨大损失；此外，新鲜花生在仓储时，由于含水率高、吸湿性强和霉菌含量高等特点，也易发生自热和霉变现象。

　　干燥是解决鲜花生仓储期问题的有效手段。目前收获鲜花生后多采用自然晾晒、简易通风或热风干燥等方法，脱水效率低且受天气影响较大。特别是对于带壳鲜花生，因其花生壳和花生仁属于不同物性参数的物料，致使带壳鲜花生的质热传递特性发生了改变，传统热风干燥技术及工艺不能满足消费市场对新鲜花生及其深加工产品的营养、色泽、口感等特性的需求。通过热风-热泵、微波-热风、红外-喷动床等联合干燥技术来处理带壳鲜花生，与传统热风干燥技术相比时间缩短约1/2，能耗节约近1/4，可为实现粮油领域的碳中和碳达峰做出贡献。

　　本书共分3篇14章，由任广跃、陆应和曹伟伟撰写，分别从带壳鲜花生热风-热泵联合干燥、花生微波-热风耦合干燥，带壳鲜花生红外-喷动床联合干燥对带壳鲜花生干燥特性及其贮藏过程中生物特性的影响进行详细论述。河南科技大学粮食/农特产品干燥技术与装备团队卢映洁、凌铮铮及朱凯阳参与了相关章节的整理工作，在此表示感谢。同时，本书得到了河南省重大专项（主粮作物智慧化生产加工关键技术装备研发及应用，项目号 221100110800）及河南省粮食干燥技术与装备工程技术研究中心的技术支持，在撰写过程中，也广泛地咨询和请教了国内农产品干燥领域、花生制品加工领域知名专家，在此一并致以谢意。

本书可作为农产品加工研究人员和技术人员参考用书，也可供高等院校食品科学与工程及相关专业学生学习参考。

由于作者水平有限，书中不妥之处，恳请读者提出宝贵意见。

任广跃

2022 年 6 月完稿于古都洛阳

目　录

第一篇　带壳鲜花生热风-热泵联合干燥研究——————————————1

第1章　本篇概述 ··· 2

　1.1　花生概述 ··· 2

　1.2　花生干燥国内外研究现状 ··································· 3

　　1.2.1　花生自然干燥的研究 ································· 3

　　1.2.2　花生热风干燥的研究 ································· 4

　　1.2.3　花生热泵干燥的研究 ································· 4

　　1.2.4　花生其他干燥技术研究 ······························· 5

　1.3　热风-热泵联合干燥研究进展 ······························· 5

　1.4　花生贮藏国内外研究现状 ··································· 6

　1.5　带壳鲜花生干燥的意义 ····································· 6

第2章　带壳鲜花生热风干燥的研究 ···························· 8

　2.1　材料与设备 ··· 9

　　2.1.1　材料与试剂 ··· 9

　　2.1.2　仪器与设备 ··· 9

　2.2　试验方法 ··· 9

　　2.2.1　原料预处理 ··· 9

　　2.2.2　试验设计 ··· 9

　　2.2.3　干基含水率和水分比的计算 ··························· 10

　　2.2.4　SEM 分析 ·· 10

　　2.2.5　收缩比与收缩速率的计算 ····························· 10

　　2.2.6　收缩模型的选择 ····································· 10

　　2.2.7　LF NMR 检测 ······································ 11

　　2.2.8　MRI 检测 ·· 11

  2.2.9 数据处理 ·· 11

 2.3 结果与分析 ··· 11

  2.3.1 带壳鲜花生在不同温度下的热风干燥特性 ········· 11

  2.3.2 温度对带壳鲜花生热风干燥收缩特性的影响 ········· 12

  2.3.3 带壳鲜花生热风干燥体积收缩模型的建立 ········· 14

  2.3.4 带壳鲜花生热风干燥体积收缩模型的验证 ········· 15

  2.3.5 LF-NMR 分析 ······································ 17

  2.3.6 MRI 分析 ··· 19

  2.3.7 热风干燥对带壳鲜花生微观结构的影响 ········· 20

 2.4 本章小结 ··· 21

第 3 章 带壳鲜花生热泵干燥的研究 ··························· 22

 3.1 材料与设备 ··· 22

  3.1.1 材料与试剂 ······································· 22

  3.1.2 仪器与设备 ······································· 22

 3.2 试验方法 ··· 23

  3.2.1 热泵干燥试验 ····································· 23

  3.2.2 干基含水率及干燥速率的测定 ···················· 23

  3.2.3 水分比的测定 ····································· 23

  3.2.4 LF-NMR 检测 ······································ 23

  3.2.5 SEM 分析 ··· 24

  3.2.6 孔隙率的测定 ····································· 24

  3.2.7 硬度的测定 ······································· 24

  3.2.8 薄层干燥模型的选择 ······························ 24

  3.2.9 数据处理 ··· 25

 3.3 结果与分析 ··· 25

  3.3.1 带壳鲜花生在不同温度下的热泵干燥特性 ········· 25

  3.3.2 带壳鲜花生热泵干燥模型的建立 ·················· 27

  3.3.3 带壳鲜花生热泵干燥模型的验证 ·················· 29

  3.3.4 LF-NMR 分析 ······································ 29

  3.3.5 热泵干燥对带壳鲜花生微观结构的影响 ··········· 31

  3.3.6 热泵干燥对带壳鲜花生硬度的影响 ················ 32

  3.3.7 热泵干燥对带壳鲜花生孔隙率的影响 ·············· 33

 3.4 本章小结 ··· 35

第4章　带壳鲜花生热风-热泵联合干燥研究 ················· 36

  4.1　材料与设备 ······································ 36

    4.1.1　材料与试剂 ································ 36

    4.1.2　仪器与设备 ································ 36

  4.2　试验方法 ······································ 37

    4.2.1　单因素试验 ································ 37

    4.2.2　响应面优化试验 ···························· 37

    4.2.3　感官评定 ·································· 37

    4.2.4　收缩比的测定 ······························ 38

    4.2.5　数据处理 ·································· 38

  4.3　结果与分析 ···································· 38

    4.3.1　干燥工艺对带壳鲜花生干燥指标的影响 ··········· 38

    4.3.2　干燥工艺参数的响应面优化 ··················· 40

    4.3.3　联合干燥与单独干燥指标对比 ················· 43

  4.4　本章小结 ······································ 44

第5章　带壳花生在贮藏过程中对生物特性影响的研究 ········· 45

  5.1　材料与设备 ······································ 45

    5.1.1　材料与试剂 ································ 45

    5.1.2　仪器与设备 ································ 45

  5.2　试验方法 ······································ 46

    5.2.1　试验设计 ·································· 46

    5.2.2　种子发芽率的测定 ··························· 46

    5.2.3　虫害率的测定 ······························ 46

    5.2.4　真菌污染率的测定 ··························· 46

    5.2.5　AFB_1 的测定 ····························· 46

    5.2.6　数据处理 ·································· 47

  5.3　结果与分析 ···································· 47

    5.3.1　贮藏过程中干基含水率的变化 ················· 47

    5.3.2　贮藏过程中虫害率的变化 ····················· 47

    5.3.3　贮藏过程中种子发芽率的变化 ················· 48

    5.3.4　贮藏过程中真菌感染率和 AFB_1 的变化 ········ 49

    5.3.5　贮藏过程中氨基酸总量的变化 ················· 50

5.4　本章小结 ·· 51

本篇参考文献 ·· 52

第二篇　鲜花生微波-热风耦合干燥研究————————————57

第6章　本篇概述 ··· 58

6.1　微波干燥技术简述 ··· 59

6.1.1　微波干燥系统工作原理 ································ 59

6.1.2　微波干燥技术优缺点分析 ···························· 60

6.2　国内外研究现状 ··· 61

6.2.1　微波干燥在农产品加工中的应用 ···················· 61

6.2.2　微波杀菌在农产品加工中的应用 ···················· 63

6.2.3　微波加热在农产品加工的其他应用 ·················· 63

6.2.4　微波杀菌动力学模型的研究 ························· 64

6.2.5　微波干燥均匀性的相关研究 ························· 64

6.3　存在的问题 ··· 65

第7章　花生微波-热风耦合干燥特性研究 ······················· 67

7.1　材料与设备 ··· 68

7.1.1　样品准备 ·· 68

7.1.2　微波-热风耦合干燥系统 ···························· 68

7.2　间歇微波-热风耦合干燥工艺的确定 ···························· 68

7.2.1　间歇微波-热风耦合干燥单因素试验设计 ············· 69

7.2.2　间歇微波-热风耦合干燥响应面分析试验设计 ········· 69

7.2.3　干燥参数的测定 ···································· 69

7.2.4　对比干燥试验 ······································ 70

7.2.5　微波-热风耦合干燥动力学模型拟合 ················· 71

7.3　结果讨论与分析 ··· 72

7.3.1　间歇微波-热风干燥条件优化 ························ 72

7.3.2　响应面分析 ·· 74

7.3.3　对比干燥试验 ······································ 77

7.3.4　干燥动力学模型拟合结果 ···························· 78

7.4　本章小结 ··· 80

第 8 章 微波-热风耦合干燥对花生品质影响 ……………………… 81

　8.1　材料与设备 …………………………………………………… 81

　　8.1.1　材料与试剂 ……………………………………………… 81

　　8.1.2　仪器与设备 ……………………………………………… 81

　8.2　干燥试验与品质分析 ………………………………………… 82

　　8.2.1　干燥试验 ………………………………………………… 82

　　8.2.2　脂肪酶与色差的测定 …………………………………… 82

　　8.2.3　硬度的测定 ……………………………………………… 83

　　8.2.4　油脂提取及脂肪酸组成分析 …………………………… 83

　8.3　结果与分析 …………………………………………………… 84

　　8.3.1　不同干燥方式对花生脂肪酶活动度和色差的影响 …… 84

　　8.3.2　不同干燥方式对花生硬度的影响 ……………………… 85

　　8.3.3　不同干燥方式对花生脂肪酸组成的影响 ……………… 85

　8.4　本章小结 ……………………………………………………… 86

第 9 章 微波处理后霉菌致死率的验证 ………………………… 87

　9.1　材料与设备 …………………………………………………… 87

　　9.1.1　样品准备 ………………………………………………… 87

　　9.1.2　仪器与设备 ……………………………………………… 87

　9.2　微波处理对寄生曲霉热抗性的影响 ………………………… 88

　　9.2.1　菌悬液的制备 …………………………………………… 88

　　9.2.2　接种方法 ………………………………………………… 88

　　9.2.3　微波干燥试验 …………………………………………… 88

　　9.2.4　数学模型拟合 …………………………………………… 89

　9.3　结果与分析 …………………………………………………… 90

　　9.3.1　不同微波干燥方式对花生中寄生曲霉的影响 ………… 90

　　9.3.2　微波杀菌动力学数学模型拟合 ………………………… 90

　　9.3.3　微波杀菌动力学数学模型对工艺的预测 ……………… 91

　9.4　本章小结 ……………………………………………………… 92

第 10 章 微波-热风耦合干燥对花生储藏品质的影响 ………… 93

　10.1　材料与设备 …………………………………………………… 93

　　10.1.1　样品准备 ………………………………………………… 93

10.1.2　仪器与设备 ··· 93

10.2　加速储藏试验 ··· 94

10.2.1　储藏期间含水率的测定 ······················· 94

10.2.2　储藏期间蛋白质的测定 ······················· 94

10.2.3　储藏期间脂肪的测定 ·························· 94

10.2.4　储藏期间种子发芽率的测定 ················· 96

10.3　结果与分析 ··· 96

10.3.1　微波干燥对储藏花生含水率的影响 ········· 96

10.3.2　微波干燥对储藏花生蛋白质的影响 ········· 96

10.3.3　微波干燥对储藏花生脂肪的影响 ··········· 97

10.3.4　微波干燥对储藏花生种子发芽率的影响 ···· 99

10.4　本章小结 ·· 100

本篇参考文献 ··· 101

第三篇　带壳鲜花生红外-喷动床联合干燥研究 ────── 107

第11章　本篇概述 ··· 108

11.1　红外-喷动床联合干燥技术 ···························· 108

11.1.1　红外干燥技术 ·································· 108

11.1.2　喷动床干燥技术 ······························ 110

11.1.3　红外-喷动床干燥技术 ······················· 110

11.2　神经网络预测含水率研究现状 ······················· 111

第12章　不同干燥方式对带壳鲜花生干燥特性及品质的影响 ······ 113

12.1　材料与设备 ··· 114

12.1.1　材料与试剂 ····································· 114

12.1.2　仪器与设备 ····································· 114

12.2　试验方法 ·· 116

12.2.1　热风干燥试验 ·································· 116

12.2.2　红外干燥试验 ·································· 116

12.2.3　红外-热风干燥试验 ·························· 116

12.2.4　红外-喷动床干燥试验 ······················· 116

12.2.5　干燥特性测定 ·································· 116

　　　12.2.6　微观结构观测 ·· 117

　　　12.2.7　硬度测定 ·· 117

　　　12.2.8　孔隙率测定 ·· 117

　　　12.2.9　花生中脂肪酸测定 ·· 118

　　　12.2.10　花生中氨基酸测定 ·· 118

　　　12.2.11　试验过程中能耗测定 ·· 118

　　　12.2.12　数据处理 ·· 118

　12.3　结果与分析 ·· 119

　　　12.3.1　不同干燥方式下的干燥特性 ·································· 119

　　　12.3.2　干燥方式对带壳鲜花生微观结构的影响 ······················ 119

　　　12.3.3　干燥方式对带壳鲜花生硬度的影响 ·························· 122

　　　12.3.4　干燥方式对带壳鲜花生孔隙率的影响 ························ 123

　　　12.3.5　干燥方式对带壳鲜花生中脂肪酸的影响 ······················ 124

　　　12.3.6　干燥方式对带壳鲜花生中氨基酸的影响 ······················ 126

　　　12.3.7　干燥方式对能耗的影响 ······································ 127

　12.4　本章小结 ·· 128

第 13 章　带壳鲜花生红外-喷动床干燥特性及品质表征 ···················· 130

　13.1　材料与设备 ·· 131

　　　13.1.1　材料与试剂 ·· 131

　　　13.1.2　仪器与设备 ·· 131

　13.2　试验方法 ·· 131

　　　13.2.1　带壳鲜花生干燥 ·· 131

　　　13.2.2　干燥动力学曲线 ·· 132

　　　13.2.3　色泽的测定 ·· 132

　　　13.2.4　酸价（acid price，ADV）的测定 ···························· 132

　　　13.2.5　过氧化值（peroxide value，POV）的测定 ···················· 133

　　　13.2.6　能耗测定 ·· 133

　　　13.2.7　数据处理 ·· 133

　13.3　结果与分析 ·· 133

　　　13.3.1　温度对带壳鲜花生红外-喷动床干燥特性的影响 ·············· 133

　　　13.3.2　进口风速对带壳鲜花生红外-喷动床干燥特性

　　　　　　　的影响 ·· 135

　　　　13.3.3　助流剂质量对带壳鲜花生红外-喷动床干燥特性
　　　　　　　　的影响 ‥‥‥‥‥‥‥‥‥‥‥‥‥‥‥‥‥‥‥‥‥‥‥ 136

　　　　13.3.4　带壳鲜花生红外喷动床干燥工艺正交试验分析 ‥‥ 136

　　　　13.3.5　干燥模型的选择 ‥‥‥‥‥‥‥‥‥‥‥‥‥‥‥‥‥‥ 141

　　13.4　本章小结 ‥‥‥‥‥‥‥‥‥‥‥‥‥‥‥‥‥‥‥‥‥‥‥‥‥‥ 144

第14章　基于BP神经网络带壳鲜花生红外-喷动床干燥含水率预测 ‥ 146

　　14.1　神经网络概述 ‥‥‥‥‥‥‥‥‥‥‥‥‥‥‥‥‥‥‥‥‥‥ 147

　　　　14.1.1　BP神经网络概述 ‥‥‥‥‥‥‥‥‥‥‥‥‥‥‥‥‥ 147

　　　　14.1.2　BP神经网络设计 ‥‥‥‥‥‥‥‥‥‥‥‥‥‥‥‥‥ 147

　　　　14.1.3　数据采集 ‥‥‥‥‥‥‥‥‥‥‥‥‥‥‥‥‥‥‥‥‥ 147

　　　　14.1.4　数据归一化处理 ‥‥‥‥‥‥‥‥‥‥‥‥‥‥‥‥‥ 148

　　　　14.1.5　输入层输出层的节点数选择 ‥‥‥‥‥‥‥‥‥‥‥ 148

　　　　14.1.6　隐含层节点的选择 ‥‥‥‥‥‥‥‥‥‥‥‥‥‥‥‥ 149

　　　　14.1.7　隐含层节点的训练 ‥‥‥‥‥‥‥‥‥‥‥‥‥‥‥‥ 149

　　　　14.1.8　神经网络训练 ‥‥‥‥‥‥‥‥‥‥‥‥‥‥‥‥‥‥ 151

　　　　14.1.9　模型测试 ‥‥‥‥‥‥‥‥‥‥‥‥‥‥‥‥‥‥‥‥‥ 152

　　14.2　模型验证 ‥‥‥‥‥‥‥‥‥‥‥‥‥‥‥‥‥‥‥‥‥‥‥‥‥ 153

　　14.3　本章小结 ‥‥‥‥‥‥‥‥‥‥‥‥‥‥‥‥‥‥‥‥‥‥‥‥‥ 154

本篇参考文献 ‥‥‥‥‥‥‥‥‥‥‥‥‥‥‥‥‥‥‥‥‥‥‥‥‥‥‥‥ 155

第一篇

带壳鲜花生热风-热泵联合干燥研究

第1章

本篇概述

1.1 花生概述

花生是一种豆科类的草本植物，其种植由来已久，主要分布于亚洲、非洲和美洲，这三个地区的花生产量占世界总产量的99%以上。2019年亚洲的花生产量为2725.02万吨，占世界总产量的55.89%，主要生产国是中国、印度、印度尼西亚和缅甸。中国和印度分别是世界第一和第二花生生产大国。2019年非洲的花生产量为1663.68万吨，主要生产国为尼日利亚。美洲花生主要生产国是美国和阿根廷。

花生于明朝传入我国开始种植，经过广泛的传播，已经成为我国主要的油料作物之一。花生中油脂、蛋白质含量丰富，还富含维生素 B_2、维生素 A、维生素 D、维生素 E、钙和铁等，滋养补益，有助于延年益寿，所以民间又称其为"长生果"，其味道鲜美，是一种营养价值很高的食品，长期食用花生不仅能改善我国居民的膳食结构，还能减少与营养相关疾病的发生。花生既可以直接食用，也可以榨油，还能加工成各种休闲食品，在我国食品消费中占有很大比例。另外，花生在国防、化工、医药等产业中也有所贡献。因此，面对如此大的花生需求量，我国的花生种植业快速发展。在中国，2019年花生的年产量可达1750万吨（见图1-1），产量居世界首位，且出口较多。因此，花生业的快速发展，不仅能使农民增收，还能支持我国经济的全面发展。

新鲜的花生由花生壳与花生仁两部分组成，花生壳将花生仁紧紧地包裹在其中。刚采摘的带壳鲜花生含水量高，采摘后若不及时干燥，很快便会发霉腐败，而且花生的收获时期是在炎热的夏季，高温高湿的情况下更容易发生腐败现象，影响花生的最终产量。并且，发霉后的花生，不可随意食用，其中可能

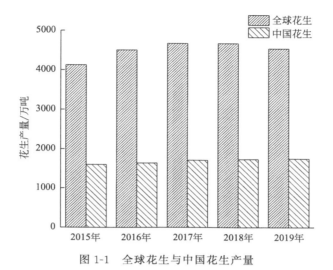

图 1-1　全球花生与中国花生产量

会含有大量的黄曲霉毒素,黄曲霉毒素的毒性极大。采用干制处理,使花生中各种霉菌和细菌达不到生长的必要条件,不仅能延长花生的保存期,而且便于后期贮藏和运输。

1.2　花生干燥国内外研究现状

带壳鲜花生含水量高,采摘后若不及时干燥,便会发霉腐败,影响食用。由于现阶段花生产业快速发展,花生产量不断增加,而花生的加工干燥方式和工艺不是很理想,造成了大量的浪费,因此,对新鲜花生进行干燥处理对花生产业的发展具有现实的意义。

1.2.1　花生自然干燥的研究

目前,我国大多数农民仍然将人工翻晒、自然干燥作为花生的主要干燥方式,这种方式在小规模花生种植中十分有益。将从地里采摘的花生连茎秆堆放在田间地头,待水分散发部分后摘下花生果,在晒场上摊开均匀晾晒,每日翻动几次,晾晒一个星期左右,待花生果基本晒干后收储入库。在自然干燥中,也会有物质发生变化。Siddique 等采用不同干燥方法(地板)干燥种子,把花生放在不同的地板上风干,得出混凝土干地板是保持花生种子品质和活力的适宜材料。常雪娇等对带壳和去壳花生进行晒干处理,对花生过敏原蛋白潜在致敏性进行研究，结果表明，带壳与去壳晒干对蛋白质的结构产生了不同的影响，使去壳晒干的花生潜在致敏性低于带壳晒干的花生。张欣、刘婷、唐月异等分别对花生自然风干种子中的芥酸、维生素 E、蔗糖的含量进行了测定，并运用近红外光谱技术对其构建了近红外分析模型。

1.2.2　花生热风干燥的研究

热风干燥是现代干燥技术中应用最广的干燥方法，具有操作简单、成本低的优点，在大宗农产品干燥中能发挥出较大的优势，近年来，也逐渐应用于花生干燥中。Prestes 等分别采用 35℃ 和 40℃ 热风干燥对花生进行 18 h 的干燥，结果发现沙门氏菌在干燥后有少量的减少。王安建等研究不同干燥风温、装料量、风速条件下花生的干燥特性，并建立 Page 模型用于描述花生热风干燥过程。颜建春等发现风温对花生干燥过程的影响比风速更明显，当花生荚果薄层厚度为 3cm，风温为 34～52℃、风速为 0.25～1.00m/s 时，Diffusion Approximation 模型对干燥过程的描述性最佳。渠琛玲等采用低场核磁技术监测了花生在热风干燥过程中的含水率变化，并对花生仁的水分变化进行了预测。Goneli 等对花生籽粒热风干燥的有效扩散系数及主要热力学性质进行了研究，发现温度的升高促进了焓值和熵值的降低及吉布斯自由能的增加。王海鸥等对比分析了自然干燥和热风干燥对花生品质的影响，发现热风干燥能在不影响粗蛋白、粗脂肪含量的情况下加快花生荚果的干燥过程，但不饱和脂肪酸和氨基酸会有所减少。Patil J 等对花生采用热风干燥，发现花生籽粒在 140℃、20min 或 160℃、10min 的干热处理下，能提高蛋白质的性能，白蛋白和球蛋白的含量降低，谷氨酸含量增加。杨潇在花生的热风干燥中加入缓苏工艺，发现缓苏会促进干燥，在花生干燥中加入缓苏过程能达到更好的干燥效果。Chung 等采用热风干燥对花生的致敏性进行了研究，结果表明，在 35～60℃ 范围内干燥时对花生致敏性无影响，当温度高于 77℃ 时花生致敏性增大。

1.2.3　花生热泵干燥的研究

热泵干燥从应用以来，就受到了广泛的关注，其具有环保节能、干燥品质好的优点，虽然现在热泵干燥产品品质较优的缘由尚不明确，但这并不妨碍热泵干燥在现代干燥中的使用，因此，也有学者对花生的热泵干燥进行了研究。颜建春等介绍了一种采用热泵循环系统的花生箱式干燥机，在干燥过程中能降低 30％左右的能耗，减少 50％左右的干燥时间。王安建等对花生的热泵干燥进行了研究，发现干燥时间随温度的升高而降低，并建立了能描述花生热泵干燥的 Page 动力学模型。

1.2.4　花生其他干燥技术研究

花生在全球范围内都有种植，收获期聚集，量大难干燥，因此，花生干燥一直是国内外学者研究的热点，这也使更多的学者将各种干燥方式应用于花生干燥中，以期寻找能快速干燥而又能保障花生品质的干燥方法。武洪博等通过水势理论，对花生种子的真空干燥建立了数学模型，发现干燥速率随真空度和干燥温度的增加而增加。陈霖对比了常规和控温微波干燥对花生品质的影响，发现控温微波的效果和可实用性均优于常规微波干燥，在 1.2 W/g，45～50℃的条件下能最大限度地保证花生产品品质。D. mennouche 等设计了一种间接太阳能干燥器对花生进行干燥，在试验过程中，含水率显著降低，且干燥后的样品油分含量高。张国良设计了基于太阳能综合利用的花生干燥系统，利用该装置设置风温 50℃、风速 0.5m/s 时，干燥花生仅需 8 h 左右，比自然晾晒的时间明显缩短。

1.3　热风-热泵联合干燥研究进展

随着越来越多的干燥技术被开发，单一的干燥方式已经不能满足生产需要，而联合干燥常常能结合两种或多种干燥方式的优点，大大提升干燥效果，因此，联合干燥被认为是未来最有发展潜力的干燥技术。热风与热泵联合干燥是目前研究最多的联合干燥方式。李晖等采用热泵-热风联合干燥对怀山药片进行了研究，结果表明联合干燥能加快干燥速率，提升 L 值、复水率等品质，并因此得出怀山药片热泵-热风联合干燥的最佳参数组合。陈迪丰采用热风-热泵联合干燥技术对带鱼进行了研究，发现联合干燥能使带鱼的品质维持在较高的水平，经过联合干燥的带鱼货架期明显增加。徐建国等以胡萝卜片为原材料进行了热风-热泵联合干燥实验，结果表明联合干燥在干燥时间、产品色泽、β-胡萝卜素含量上都优于单一干燥，用联合干燥能获得高质量的干燥产品。Sahoo 等采用热风-微波、热泵-微波和热风-热泵联合干燥对洋葱进行了研究，结果表明，热风-热泵联合干燥对洋葱中丙酮酸和抗坏血酸的保留率更高，产品颜色也更好。孙媛等对比分析了几种干燥技术对干制品的复水比、色差值、T-VBN 值、细菌总数和能耗值的影响，发现联合干燥明显优于传统热风干燥，节约能耗达到 34.6%。

1.4　花生贮藏国内外研究现状

花生在收获干燥后，需要贮藏起来保证全年供应，但在贮藏过程中往往会因为贮藏方式不当、天气湿热、虫害等问题降低花生的品质。所以，针对花生在贮藏过程中的品质变化及如何保障花生在贮藏过程中的安全问题，国内外学者也对其进行了一定的研究。周巾英以不同的气调包装方式对花生进行贮藏，研究了在不同 CO_2 浓度下花生在贮藏过程中品质的变化情况。研究结果表明，水分与粗蛋白含量受 CO_2 浓度影响较小，酸价、过氧化值、粗脂肪含量受 CO_2 浓度影响较大，CO_2 浓度越高，花生在贮藏过程中的品质越好。张俊等研究了花生种子在真空、低温和室温贮藏下的萌发规律，测定了花生种子在不同贮藏条件下的萌发能力和生理指标。结果表明，低温贮藏下的萌发能力和生理指标均优于其他两种贮藏方式，尤其是花生种子的发芽指数与当年种子相差无几，表现出较好的贮藏效果。Claudia 等研究了花生在经过 12 个月和 18 个月的贮藏后对黄曲霉毒素产生的影响，发现黄曲霉污染程度较高，但具有毒力的比例较小。袁贝等采用电子鼻和傅里叶变换红外吸收光谱对花生在不同贮藏环境（低温常湿、常温低湿和常温常湿）下的氨基酸和脂肪酸的变化进行了分析。结果表明，花生在贮藏时油酸与亚油酸变化较大，相比较三种贮藏环境，低温冷藏环境下的氨基酸总量保存率较高，O/L 值上升较小，贮藏效果最佳。Angelo 等将花生仁保存在 15℃ 和 35% 相对湿度的储藏室里，发现花生种子经人工脱壳至少可保存 36 个月，经机械脱壳至少可保存 24 个月。在同一时期内，手工去壳的种子比机械去壳的种子萌发率更高。

1.5　带壳鲜花生干燥的意义

中国是花生生产大国，但加工贮藏方式和工艺的不成熟一直困扰着产业，影响农民增收。为确保花生的品质和预防花生霉变，选择合适的干燥方式十分必要。花生因油脂、蛋白质含量高，组织结构密集，导致脱水处理较为困难，而带壳鲜花生因花生壳、仁之间存在隔离层，随干燥过程的进行，隔离层温度、气压等物性参数会呈现动态变化，致使带壳鲜花生的干燥过程更为复杂，采用单一的干燥方式能对带壳鲜花生在干燥过程中的水分变化、品质变化进行研究，揭示带壳鲜花生在干燥过程中的干燥机理。而联合干燥能在保证品质的情况下缩短干燥时间，解决花生因干燥不及时而导致的发霉腐败、资源浪费等问题，对加快花生干燥产业化进程具有重要的意义。另外，花生贮藏也是收获后的一大要点，花生外壳除了在种植、干燥阶段对花生有保护作用，在贮藏中的作用也不可忽视。为了探究花生外壳在花生贮藏过程中的作用，对花生带壳和脱壳贮藏中的生物特性变化进行研究具有重要意义。

第2章

带壳鲜花生热风干燥的研究

带壳鲜花生为复杂的多孔双层结构，水分扩散情况复杂，且在干燥过程中会发生收缩，故在未考虑水分扩散变化、结构变化和收缩的情况下，难以有针对性地对带壳鲜花生进行机械干燥。大多数农产品属于可变形的植物基多孔介质，在干燥过程中会有一定的体积收缩，而收缩变形是影响其干燥品质与效率的重要因素之一。Seerangurayar 等对比了 3 种太阳能干燥方式对大枣收缩率的影响，通过对组织显微结构分析，发现强制对流太阳能干燥的组织变形最小，干燥效果最优。Aprajeeta 等指出在 62℃干燥条件下，马铃薯片的收缩率随含水率呈线性变化，其径向尺寸减小约 35％，且收缩会随热量和质量的同时传递而发生变化。李建欢等发现在热风干燥过程中，澳洲坚果的果壳收缩量由内至外逐渐增大，收缩不均匀，且收缩量随含水率的降低呈非线性增长趋势。Sagar 等对果蔬对流干燥收缩模型的研究进行了综述，对比分析了不同果蔬材料的收缩模型。陈良元等研究表明，在未考虑干燥收缩对动力学影响时，水分有效扩散系数会被明显高估。物料收缩与其干燥过程中热质传递及应力应变机制密切相关，引入收缩模型并分析其在干燥过程中结构的变化可对干燥机理进行更深入的探讨。

本章主要采用热风干燥对带壳鲜花生进行研究，考查不同温度（40℃，50℃，60℃）对带壳鲜花生干燥收缩特性的影响，并建立相应的数学模型，同时研究带壳鲜花生在热风干燥过程中内部水分迁移情况，以期为带壳鲜花生热风干燥过程的深入研究奠定理论基础，同时为规模化控制干燥提供深层次理论依据。

2.1　材料与设备

2.1.1　材料与试剂

带壳鲜花生：采摘自河南洛阳当地种植的豫花 9326。

2.1.2　仪器与设备

表 2-1　主要仪器与设备

仪器名称	型号	生产厂家
电热鼓风干燥箱	101 型	北京科伟永兴仪器有限公司
扫描电镜	TM3030plus 型	日立高新技术公司
电子天平	A.2003N 型	上海佑科仪器仪表有限公司
低场核磁共振成像分析仪	NMI120-015V-1	上海纽迈电子科技有限公司

2.2　试验方法

2.2.1　原料预处理

在试验前挑选大小均匀、成熟饱满的花生，清除杂质、泥沙，用自封袋封装于 4℃冰箱中保存备用。采用 GB 5009.3—2016 测定带壳鲜花生、鲜花生壳、鲜花生仁的初始干基含水率分别为 0.736g/g，0.931g/g，0.545g/g。

2.2.2　试验设计

按试验要求设定温度，预热 30min，将带壳鲜花生在网状托盘（25cm×25cm，筛孔直径为 5mm）上平铺一层（约 500g）。因风速（≤2m/s）对带壳鲜花生体积收缩的影响不显著，故选取热风干燥温度为 40℃，50℃，60℃对带壳鲜花生进行干燥试验。取 2 盘花生同步进行干燥，1 盘每隔 1h 测定样品的质量，快速测量后放回，另 1 盘每隔 1h 取 30 个样品进行留样保存，此盘取出的样品不再放回。干燥至安全水分（10%）停止试验。每组试验重复 3 次。

2.2.3　干基含水率和水分比的计算

带壳鲜花生的干基含水率 X 按式（2-1）计算，干燥速率 U 按式（2-2）计算。

$$X = \frac{m_t - m}{m} \times 100\%$$ (2-1)

式中，X 为干基含水率，g/g；m_t 为 t 时刻物料的质量，g；m 为物料干燥至绝干（重量不再变化）时的质量，g。

$$U = \frac{X_t - X_{t+\Delta t}}{\Delta t}$$ (2-2)

式中，X_t 为 t 时刻干基含水率；$X_{t+\Delta t}$ 为 $t + \Delta t$ 时刻干基含水率；Δt 为时间间隔。

2.2.4　SEM 分析

在带壳花生下半部分饱满处进行取样，固定于样品台，利用 SEM 检测干燥处理后的花生壳、花生仁表面的微观结构，电镜放大倍数 200 倍。

2.2.5　收缩比与收缩速率的计算

采用排沙法测体积，农产品、果蔬等干燥后体积收缩程度通常用体积相对收缩比 SR 表示，按式（2-3）计算，干燥过程中的收缩速率 W 按式（2-4）计算。

$$SR = \frac{V_t}{V_0}$$ (2-3)

式中，SR 为收缩比；V_t 为任意 t 时刻的体积，m^3；V_0 为初始体积，m^3。

$$W = \frac{SR_t - SR_{t+\Delta t}}{\Delta t}$$ (2-4)

式中，W 为收缩速率，h^{-1}；SR_t 为 t 时刻收缩比；$SR_{t+\Delta t}$ 为 $t + \Delta t$ 时刻收缩比；Δt 为时间间隔，h。

2.2.6　收缩模型的选择

在理想的收缩条件下，物料体积的减少等于除去液体的体积，因此常用收缩比与水分比的函数来拟合收缩。根据花生的自身特性，选取以下 4 种收缩模型（见表 2-2）。

表 2-2　4 种常见收缩模型

模型名称	模型方程
Hatamipour	$SR = k_1 + k_2 MR$
Quadratic	$SR = k_1 + k_2 MR + k_3 (MR)^2$
Vazquez	$SR = k_1 + k_2 MR + k_3 (MR)^{3/2} + k_4 \exp(k_5 MR)$
Exponential	$SR = k_1 \exp(k_2 MR)$

注：$k_1 \sim k_5$ 分别表示模型常数。

2.2.7　LF NMR 检测

将干燥过程中的花生取出后进行脱壳处理，切取大约 0.3cm×0.3cm×1cm 花生仁放入样品管中，置于永久磁场中心位置的射频线圈的中心，利用多脉冲回波序列（Carr-Purcell-Meiboom-Gill，CPMG）测量样品的横向弛豫时间 T_2。参数设置：测量温度为 32℃±0.1℃，主频为 21MHz，采样间隔时间（T_w）为 1500ms，回波时间（T_E）为 0.5ms，累加次数（NS）为 16 次，回波个数（$NECH$）为 3500，重复时间为 10000ms，90°脉冲时间为 15μs，180°脉冲时间为 30μs。每个样品重复 3 次，将 T_2 进行反演，得到反演图。

2.2.8　MRI 检测

切取大约 0.3cm×0.3cm×1cm 花生仁放入样品管中，利用自旋回波 SE 脉冲序列质子密度二维成像。参数设置：T_E 为 20ms；重复时间（T_R）为 1200ms，矩阵 256×256。形成样品的质子密度图像，每个样品重复 3 次。

2.2.9　数据处理

本试验数据采用 Excel 进行处理，采用 Origin pro 8.5 对试验结果图进行绘制，使用 DPS 7.05 对试验数据进行显著性分析。

2.3　结果与分析

2.3.1　带壳鲜花生在不同温度下的热风干燥特性

按 2.2.2 节试验方法控制热风干燥参数，获得带壳鲜花生的热风干燥曲线及干燥速率曲线，结果如图 2-1 所示。

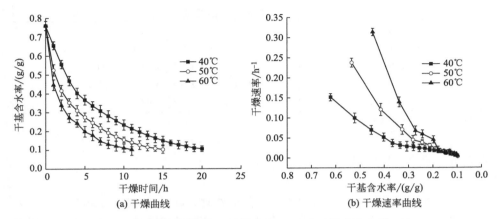

图 2-1　带壳鲜花生的热风干燥曲线 （a） 及干燥速率曲线 （b）

从图 2-1 （a） 可知，带壳鲜花生的干基含水率随着热风干燥的进行逐渐降低。当风温为 40℃、50℃、60℃时，干燥到花生安全水分以内所需时间分别为 20h、15h、11h。当干燥温度从 40℃ 提升至 60℃，干燥时间缩短 45%。随着温度的提高，热风干燥曲线越陡，一方面，花生初始含水率较高，热风温度越高，花生周围的相对湿度越低，花生与其周围环境的湿度差增大，水分可以更加快速地向外迁移，缩短干燥时间；另一方面，高温使花生中水分子的动能增大、活跃度升高，从而加速水分的迁移。从图 2-1 （b） 可以看出，温度越高，干燥速率越大。干燥速率具有明显的降速阶段，说明带壳鲜花生的干燥由内部扩散控制，而内部扩散阻力决定了传质过程的速度。干燥初期，干燥速率下降趋势明显，表明在干燥温度的影响下，带壳鲜花生水分快速脱除，温度是影响干燥速率的主要因素；但干燥后期的干燥速率较为缓慢，可能是随着干燥的进行，带壳鲜花生含水率逐渐降低，相对温度稳定，导致干燥过程缓慢；另一方面，水分迁移还受到物料自身体积、孔隙变化等多方面的影响，而带壳鲜花生由壳与仁两部分组成，花生壳的保护机制造成其内部水分更加不易散失，延缓干燥的进行。

2.3.2　温度对带壳鲜花生热风干燥收缩特性的影响

从图 2-2 （a） 可知，随着热风干燥温度升高，带壳鲜花生的花生壳收缩比逐渐减小，当干燥温度为 40℃、50℃、60℃时，其干燥至平衡时的收缩比分别为 0.857、0.819、0.777。温度提高 20℃，收缩比减小 8.0%。由图 2-2

(b) 可知，带壳鲜花生热风干燥的体积收缩速率具有短暂的升速阶段，然后进入降速阶段，最后基本为恒速阶段。水分是支撑花生壳组织饱满的重要物质，干燥前期，带壳鲜花生主要为自由水的减少，大部分热量传递给花生中的水分，以提高花生中水分的蒸发温度，随着花生壳中水分温度的逐渐升高，花生壳水分蒸发量逐渐增大，形成水分梯度，内部扩散速率也逐渐加快，水分迁移速度快，体积变化明显，收缩速率高。随着干燥的进行，后期内部主要为结合水，而结合水不易散失，收缩速率自然降低。随着温度的升高，收缩速率曲线越陡峭，由于干燥温度是影响干燥效果的主要因素。干燥温度越高，水分流失越快，收缩越明显，速率越快。

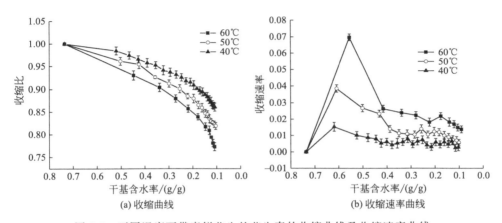

图 2-2　不同温度下带壳鲜花生的花生壳的收缩曲线及收缩速率曲线

由图 2-3（a）可知，随着热风干燥温度的升高，带壳鲜花生的花生仁收缩比逐渐减小，当干燥温度为 40℃、50℃、60℃时，其干燥至平衡时的收缩比分别为 0.695、0.659、0.624。温度升高 20℃，收缩比减小 7.1%，说明温度越高，花生仁的收缩程度越大。由图 2-3（b）可知，花生仁的收缩速率曲线呈先升高再降低的趋势，且温度越高，收缩越快。可能是在干燥前期，花生壳作为保护屏障，阻挡热量进入壳内，壳内温度较低，花生仁的收缩程度不显著。随着干燥的进行，壳内温度逐渐升高，导致含水量较高的花生仁水分散失加快，组织收缩明显。在干燥后期，花生壳内温度稳定，花生仁水分含量也较低，组织结构收缩程度小，收缩速率变缓。

对比花生仁与花生壳的收缩曲线和收缩速率曲线分析可知，相同条件下，花生仁的收缩比花生壳的收缩更加明显，说明花生壳与花生仁的收缩非同步进行。花生壳干燥初期有较为剧烈的收缩，中后期持续缓慢收缩，但花生仁在干燥初期收缩速率缓慢，剧烈收缩发生于干燥中期，可能是带壳鲜花生在进行热

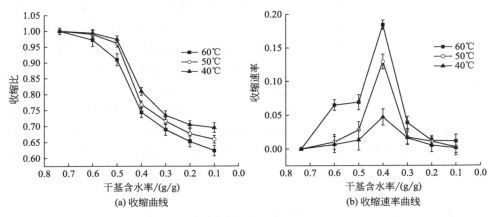

图 2-3　不同温度下带壳鲜花生的花生仁的收缩曲线及收缩速率曲线

风干燥时，花生壳先于花生仁接触到高温环境，故优先发生收缩现象。而花生仁需待花生壳失去一部分水分后，外部热进入壳内，才会发生收缩。花生壳与花生仁绝干时干基含水率分别为 0.931g/g、0.545g/g，花生壳的干基含水率高于花生仁，收缩程度却不及花生仁，可能是由于花生仁较厚，可发生形变的范围大；且花生壳主要成分为粗纤维素（65.7%～79.3%）和半纤维素（10.1%），干物质重量轻，通道大，可包容的水分较多，有良好的网状结构，而干燥使得通道中的水分散失，结构更为致密，但并不会导致网状结构的坍塌，故不易发生形变，而花生仁中主要成分为脂肪（44%～45%）、蛋白质（24%～36%）等，细胞中的水分散失后，无交联的网状细胞结构作为支撑，容易发生形变。针对带壳鲜花生在干燥过程中花生壳优先花生仁干燥且收缩比小于花生仁的情况，可以考虑变温干燥或联合干燥提高干燥效率，改善干燥品质。

2.3.3　带壳鲜花生热风干燥体积收缩模型的建立

试验对温度 50℃条件下带壳花生与花生仁热风干燥的 SR 进行分析，选取 4 个收缩模型（表 2-2）用 origin 8.5 对其进行非线性拟合，得出相应的 R^2、RSS、X^2 和模型系数，见表 2-3。R^2 越大，RSS 及 X^2 越小，数据拟合结果越好。通过对比分析 4 种模型的 R^2、X^2、RSS 可知，在温度 50℃条件下，花生壳的 Quadratic 模型 R^2 最大，为 0.9901，X^2 为 3.3751×10^{-5}，RSS 为 1.3500×10^{-4}，数值较小，且 Quadratic 模型的表达式更为简便，故选择 Quadratic 模型作为花生壳的最优收缩模型；花生仁的 Vazquez 模型 R^2 值最

大，为 0.9675，X^2 为 0.0023，RSS 为 0.0045，数值较小，故选择 Vazquez
模型为花生仁的最佳收缩模型。2 种模型能较为准确地反映带壳鲜花生在热风
干燥过程中的体积收缩特性，为带壳鲜花生的热风干燥规模化控制提供理论
依据。

表 2-3　各干燥收缩模型的统计分析结果

模型	样品	R^2	X^2	RSS	模型系数
Hatamipo	花生壳	0.9117	1.9764×10^{-4}	0.0020	$k_1 = 0.8438, k_2 = 0.1732$
Quadratic		0.9901	3.3751×10^{-5}	1.3500×10^{-4}	$k_1 = 0.8187, k_2 = 0.3708, k_3 = -0.1905$
Vazquez		0.9858	1.5050×10^{-5}	3.0092×10^{-5}	$k_1 = 0.8479, k_2 = 0.2260, k_3 = -0.1477, k_4 = -19.5324, k_5 = -0.0802$
Exponential		0.8982	4.6259×10^{-4}	0.0023	$k_1 = 0.0112, k_2 = 0.0268$
Hatamipo	花生仁	0.8975	0.0029	0.0144	$k_1 = 0.6273, k_2 = 0.4109$
Quadratic		0.8463	0.0036	0.0143	$k_1 = 0.6267, k_2 = 0.4149, k_3 = -0.0040$
Vazquez		0.9675	0.0023	0.0045	$k_1 = -12.9069, k_2 = -8.2469, k_3 = -4.0467$ $k_4 = 13.5756, k_5 = 0.5772$
Exponential		0.8689	0.0031	0.0153	$k_1 = 0.6435, k_2 = 0.4901$

2.3.4　带壳鲜花生热风干燥体积收缩模型的验证

选取不同温度（40℃、50℃、60℃）的干燥条件下的试验值和最终模型预
测值进行验证比较，结果如图 2-4、图 2-5 所示。

由图 2-4 可知，试验值与模型预测值的吻合程度较高，说明模型的拟合程
度较好。对不同温度下试验值与 Quadratic 模型预测值进行相关性分析，
40℃、50℃、60℃条件下的带壳花生试验值与预测值相关性分别为 0.99，
0.83，0.99（$P < 0.01$），说明不同温度下试验值与预测值都呈极显著的正相
关。结果表明试验所建立的模型准确可靠，能够预测带壳花生在干燥过程中收
缩比随水分比的变化规律。

由图 2-5 可知，试验值与模型预测值的吻合程度较高，说明模型的拟合程
度较好。对不同温度下试验值与 Vazquez 模型预测值进行相关性分析，40℃、
50℃、60℃的花生仁试验值与预测值相关性分别为 0.97、0.95、0.94（$P < 0.01$），说明不同温度下试验值与预测值都呈极显著的正相关。结果表明试验
所建立的模型准确可靠，能够预测花生仁在干燥过程中收缩比随水分比的变化
规律。

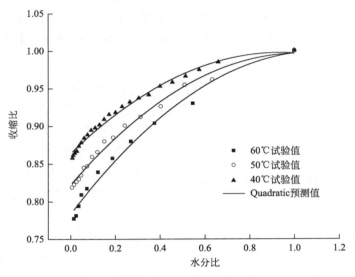

图 2-4 不同温度下试验值与 Quadratic 模型预测值比较

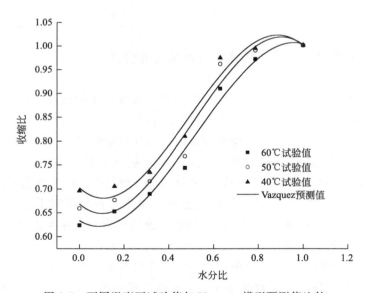

图 2-5 不同温度下试验值与 Vazquez 模型预测值比较

2.3.5　LF-NMR 分析

采用 LF-NMR 研究带壳鲜花生在热风干燥过程中的水分状态，结果如图
2-6 所示。由于不同温度下花生仁的横向弛豫时间 T_2 反演谱相似，故以热风
温度 50℃ 为例进行说明。

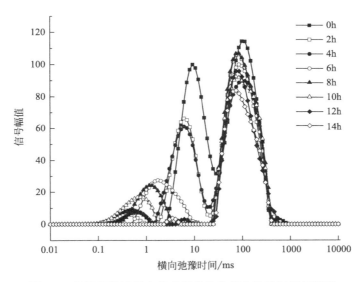

图 2-6　热风干燥过程中带壳鲜花生的横向弛豫时间反演谱

分析图 2-6 的反演谱可知，热风干燥过程中主要有 3 个波峰，代表着 3 种
不同状态的氢质子。T_2 弛豫时间反映了样品内部氢质子所处的化学环境，氢
质子受束缚越大或自由度越小，T_2 弛豫时间越短，在 T_2 谱上峰位置较靠左，
反之则靠右。根据横向弛豫时间 T_2 的差异将水分划分为 3 种存在状态，分别
为结合水 T_{21}（0.1～1.0ms），弱结合水 T_{22}（1～10ms），自由水 T_{23}（10～
1000ms）。另外，T_{23} 信号幅值在干燥终点依然较大，可能是由于花生油脂含
量丰富，除水会提供氢质子以外，油脂也会提供一部分，通过 LF-NMR 不能
将脂肪与水分完全分开分析；所以，在 T_2 反演谱上呈现出的 T_{23}（10～
1000ms）为花生油脂与自由水的弛豫峰谱，其在干燥过程中由于自由水的减
少，信号幅值也会发生变化。随着干燥时间的延长，信号幅值不断降低，水分
逐渐被脱除。说明干燥温度能为组织内部水分子提供能量，减弱与质壁结合紧
密的水分的吸附力，从而提高水分的迁移能力。观察结合水、弱结合水的水分
状态分布可以发现，随着干燥的进行，弱结合水含量逐渐减少，且波峰逐渐往

左偏移，表明花生在干燥过程中随着水分不断散失，花生内部弱结合水的自由度不断降低，即弱结合水在花生内部流动性减弱，可迁移性降低，从而造成细胞活性降低。

为了更直观地描述各部分水变化的情况，将 T_{21}、T_{22}、T_{23} 所对应的峰面积分别以 M_{21}、M_{22}、M_{23} 表示，M_0 表示为总水分和油脂对应的总峰面积，大小等于 M_{21}、M_{22}、M_{23} 值的和。

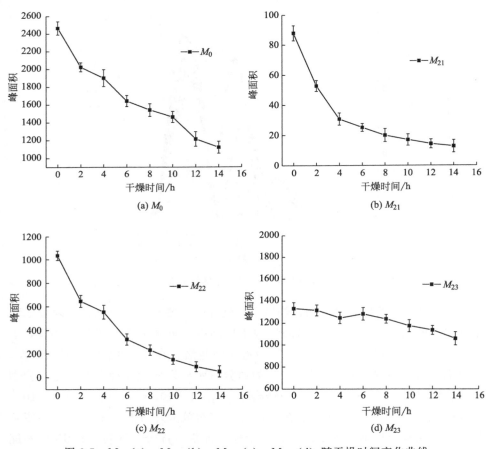

图 2-7　M_0（a）、M_{21}（b）、M_{22}（c）、M_{23}（d）随干燥时间变化曲线

分析图 2-7（a）可知，M_0 随着干燥时间持续降低，说明热风干燥有利于带壳鲜花生水分的脱除，在干燥过程中水分迁移较快，导致花生含水率不断降低。由图 2-7（b）可以看出，相较于整体水分变化而言，M_{21} 变化程度较小，说明干燥前期花生内部有少量有机物发生代谢，引起结合水微量变化。由图 2-7（c）所表示的 M_{22} 从干燥初期便急剧减少，一直持续到 6h 前后变化减弱。

结合图 2-1（干燥曲线图）分析可知，干燥至 6h 左右时干基含水率较低，干燥速率较缓慢，说明自由水的含量影响着干燥速率。在干燥前期，花生仁的水分减少主要是表面水分汽化，随着干燥的进行，物料由内向外形成水分梯度，内部自由水需要扩散至表面才能被脱除，所以自由水减少的趋势减缓。分析图 2-7（d）可知，M_{23} 变化幅度不显著，由于对水的加热，氢质子活跃度增大，可能会有部分弱结合水向自由水转化，使自由水缓慢减少，但干燥后期 M_{23} 略有下降，一方面，自由水在持续干燥过程中被脱除；另一方面，持续干燥可能也会对油脂含量造成影响，较高温度的热风干燥会降低油脂含量。这与王海鸥等的研究结果相似。因此，干燥温度和时间会影响带壳鲜花生的水分迁移和干燥品质，水分的减少有利于保存，但想要提升油脂含量，需要降低干燥温度或减少干燥时间。

2.3.6　MRI 分析

利用 MRI 研究热风干燥过程中水分分布及迁移情况，如图 2-8 所示。

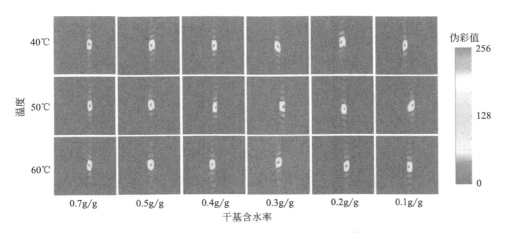

图 2-8　热风干燥过程中带壳鲜花生 MRI 图像变化

MRI 成像能得到样品内部的质子密度加权像，反映样品中氢质子的分布，通常氢质子越密集的区域，质子密度加权像越明亮。花生仁除了水分外还含有大量油脂，油脂提供的氢质子也会使 MRI 图像变得明亮，从图像可以看出，新鲜花生仁水分含量较高、分布较广，有利于表面水分的扩散。随着干燥的进行，红色部分逐渐减少，周围黄绿色部分增多，说明温度能降低水分所受到的束缚力，导致水分逐渐散失，且内部水分逐渐向外迁移，这也说明在干燥后期是由于内部水分不易由内向外迁移导致干燥速率缓慢。

2.3.7　热风干燥对带壳鲜花生微观结构的影响

利用 SEM 观察带壳鲜花生在热风干燥过程中花生仁的微观结构变化。对花生仁和花生壳的横截面进行观察，结果如图 2-9 所示。

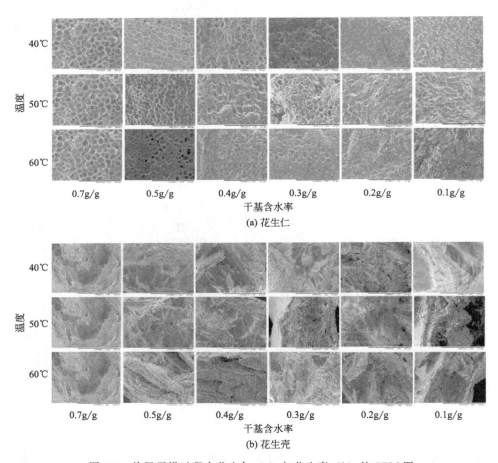

图 2-9　热风干燥过程中花生仁（a）与花生壳（b）的 SEM 图

从图 2-9（a）可以看出，在同一干燥温度下的干燥初期，花生仁的细胞结构饱满，孔径较大，网孔边界清晰，排列相对规则。随着干燥的进行，花生仁的细胞孔径逐渐减小，即单位面积内的孔状结构增多，花生仁的结构更加紧密；干燥至 0.4g/g 时，花生仁的网状结构开始出现变形，且表面出现凹凸不平的颗粒状结构；到干燥后期，花生仁的网状结构变形现象严重，颗粒状结构越发明显。结合图 2-1（干燥曲线图）分析可知，花生仁细胞结构的变化与含水量关系密切，并实时影响着花生仁的干燥过程，由于干燥过程中花生仁的组织结构不断收缩，网状细胞结构逐渐变形，增加水分扩散阻力，从而不利于水分迁移。结合图 2-7（M_{23} 变化曲线图）分析可知，花生是含油量较高的一种油料作物，在干燥过程中，花生仁的水分逐渐散失，油脂逐渐浮现于表面，这表明干燥过程中花生仁表面的颗粒状结构可能为油脂。在不同干燥温度下，干燥温度越高，花生仁的细胞结构变化越快，干燥至终点时，细胞结构基本全部变形。

分析图 2-9（b）可知，随着干燥的进行，花生壳的内部微观结构越来越致密。对比不同温度下相同干基含水率的花生壳内部结构，发现高温使得花生壳在干燥前期内部结构就严重收缩，而 40℃时花生壳的结构变化较为缓慢，说明温度对干燥的影响较为显著，较高的干燥温度能够加快水分散失，有利于加快脱水速率，水分脱除后结构快速收缩。对比相同温度下不同干基含水率的花生壳内部结构，可以发现，在干燥初期，花生壳的结构松散，随着干燥的进行，花生壳的结构收缩愈发明显，从而导致内部花生仁的水分不易扩散至表面，影响干燥效率。

2.4　本章小结

在热风干燥过程中，带壳鲜花生的干基含水率逐渐降低，干燥速率随温度的增大而增大，表明温度升高有利于加快脱水速率。在试验温度范围内，较高的干燥温度会对带壳鲜花生的干燥品质产生一定的影响。选取较低的干燥温度，干燥进程缓慢，花生壳与花生仁的微观结构变化程度小，能减小带壳鲜花生的收缩，保证花生的干燥品质。干燥会使得花生壳与花生仁的结构变形，油脂浮于表面，说明在干燥过程中油脂与水分的关系密不可分。花生壳先于花生仁收缩，但收缩程度不及花生仁，可能是花生壳纤维结构的收缩不及花生仁细胞结构的收缩。为了减少收缩，可以考虑变温干燥或联合干燥提高干燥效率，改善干燥品质。对不同收缩模型分析表明，花生壳采用 Quadratic 收缩模型拟合程度较高，花生仁采用 Vazquez 模型拟合程度较高，两者能很好地反映带壳鲜花生热风干燥过程中体积收缩的变化。通过 LF-NMR 试验，在干燥过程中，花生在干燥过程中水分不断散失，花生内部自由水数量不断减少。还有一部分游离水中的氢离子会与脂肪中的氢离子进行轻微的互动。MRI 试验表明，干燥使得水分逐渐散失，且内部水分逐渐向外迁移。

第3章

带壳鲜花生热泵干燥的研究

花生被人们誉为"植物肉"，具有较高的营养价值。干燥是减少带壳鲜花生产后损失、延长贮藏时间的有效方式。带壳鲜花生分为花生壳与花生仁两部分，在干燥过程中，由于物料的组成成分与所处环境各不相同，水分变化情况也有较大差异。热泵干燥是一种高效节能且绿色环保的干燥方式，能在保证干燥效率的同时保证干燥品质。近年来，已有热泵干燥花生的研究，但关于花生在热泵干燥过程中水分及品质变化未见报道。

为了进一步探究带壳鲜花生的花生壳与花生仁在干燥过程中的水分变化，本书采用热泵干燥对带壳鲜花生进行试验研究，考查不同温度对带壳鲜花生干燥特性的影响，并基于低场核磁共振技术建立相应的数学干燥模型，以期为带壳鲜花生的热泵干燥规模化控制提供理论依据和技术支撑。

3.1 材料与设备

3.1.1 材料与试剂

带壳鲜花生：采摘自河南洛阳当地种植的豫花9326。

正己烷：江苏强盛功能化学股份有限公司。

3.1.2 仪器与设备

表 3-1 主要仪器与设备

仪器名称	型号	生产厂家
热泵干燥机	GHRH-20	广东省农业机械研究所

仪器名称	型号	生产厂家
扫描电镜	TM3030plus 型	日立高新技术公司
电子天平	A.2003N 型	上海佑科仪器仪表有限公司
低场核磁共振成像分析仪	NMI120-015V-1	上海纽迈电子科技有限公司
食品物性分析仪	TA.XT Express	英国 Stable Micro Systems 公司

3.2　试验方法

3.2.1　热泵干燥试验

原料预处理：在试验前挑选大小均匀成熟饱满的花生，清除泥沙，用自封袋封装并放于 4℃冰箱中缓苏 24h。采用 GB 5009.3—2016 测定花生的初始干基含水率为 0.764g/g。保存备用。

干燥处理：将带壳鲜花生恢复至室温，取 500g 平铺于网状托盘（25cm×25cm，筛孔直径为 5mm）内，温度分别为 40℃、50℃、60℃。取两盘花生进行同步干燥，一盘每隔 1h 从干燥箱中取出，快速称重后放回，记录数据，另一盘每隔 1h 取 20 个样品留样，进行低场核磁、质构等试验，此盘取出的样品不再放回。干燥至安全水分（10%）停止试验。每组试验重复 3 次。

3.2.2　干基含水率及干燥速率的测定

同第 2 章 2.2.3。

3.2.3　水分比的测定

物料的干燥程度常用水分比表示，水分比按式（3-1）计算：

$$MR = \frac{X_t}{X_o} \tag{3-1}$$

3.2.4　LF-NMR 检测

同第 2 章 2.2.7。

3.2.5 SEM 分析

同第 2 章 2.2.4。

3.2.6 孔隙率的测定

孔隙率是指块状材料中孔隙体积与材料在自然状态下占总体积的百分比。采用比重法测孔隙率。将比重瓶注满正己烷，连同瓶塞一起，称其质量 m_1（精确至 0.001g，下同）。将样品尽量粉碎去除杂质，称 2g 样品置于比重瓶中（精确至 0.001g），再取同样正己烷注满比重瓶称质量（m_2）。

真密度 $[\rho_s/(g/cm^3)]$ 按式（3-2）计算。

$$\rho_s = \frac{m_s\rho}{m_s + m_1 - m_2} \tag{3-2}$$

式中，m_s 为样品质量，g；ρ 为正己烷的密度（20℃时），（g/cm³）；m_1 为装有正己烷的比重瓶质量，g；m_2 为装有正己烷和样品的比重瓶质量，g。

在对样品的测试过程中，由排沙法测得样品的体积。通过电子天平测得质量，每组样品重复 3 次。孔隙率（$\theta/\%$）按式（3-3）计算。

$$\theta = \left(1 - \frac{m}{V\rho_s}\right) \times 100\% \tag{3-3}$$

式中，m 为样品质量，g；V 为样品体积，cm³。

3.2.7 硬度的测定

根据花生样品的不规则性，选择能有效且方便表现出其质构特性的穿刺实验，并进行分析。穿刺实验方法如下：探头类型 P/2mm，测前速度 0.8mm/s，测试速度 0.5mm/s，测后速度 0.8mm/s，压缩程度 40%，触发感应力 10g，每个实验点重复测试 5 次，去除最大值和最小值之后求平均值。穿刺实验参数如下：最大正峰值力值表示花生仁的硬度，单位：g。

3.2.8 薄层干燥模型的选择

本试验根据众多学者的试验研究，选取以下几个薄层干燥模型，见表 3-2。

表 3-2　薄层干燥模型

序号	模型名称	模型方程
1	Lewis	$MR = \exp(-kt)$
2	Henderson and Pabis	$MR = a\exp(-kt)$
3	Page	$MR = \exp(-kt^n)$
4	Midilli	$MR = a\exp(-kt^n) + bt$
5	Two—term	$MR = a\exp(-kt) + b\exp(-k_1 t)$
6	Approximation of diffusion	$MR = a\exp(-kt) + (1-a)\exp(-kat)$
7	Wang and Singh	$MR = 1 + at + bt^2$
8	Logarithmic	$MR = a\exp(-kt) + c$

3.2.9　数据处理

同第 2 章 2.2.9。

3.3　结果与分析

3.3.1　带壳鲜花生在不同温度下的热泵干燥特性

按 3.2.1 试验方法控制热泵干燥参数，获得带壳鲜花生、花生壳、花生仁的热泵干燥曲线及干燥速率曲线，结果如图 3-1 所示。

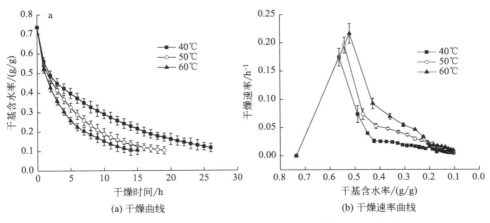

(a) 干燥曲线　　　　　　　　　(b) 干燥速率曲线

图 3-1　带壳鲜花生的热泵干燥曲线（a）及干燥速率曲线（b）

由图 3-1（a）可以看出，随着热泵干燥的温度升高，带壳鲜花生含水率降低至安全水分含量（10％）所需要的干燥时间明显变短。当风温为 40℃、50℃、60℃时，干燥到花生安全水分以内所需时间分别为 26h、19h、15h。干燥温度从 40℃提升至 60℃，干燥时间缩短 1.73 倍。由图 3-1（b）可以看出，带壳鲜花生热泵干燥具有短暂的升速阶段，没有明显的恒速阶段，基本为降速阶段，后期降速更为缓慢。随着干燥的进行，带壳鲜花生的含水率逐渐减少，干燥前期主要是自由水的减少，而干燥后期，减少的是物料中的结合水，结合水主要依靠氢键与蛋白质的极性基（羧基或氨基）相结合而形成，难以从细胞中渗出，故后期干燥过程变缓。干燥初期，花生干燥速率较高，一方面是因为带壳鲜花生的温度远低于热空气的温度，此时的大部分热传递给花生中的水分，用来提高花生中水分的蒸发温度，随着花生中水分温度的逐渐升高，花生水分蒸发量逐渐增大，形成水分梯度，内部扩散的速率也逐渐加快，干燥速率较高；另一方面是因为花生分为花生壳和花生仁两部分，干燥初期主要是花生表面水分的蒸发，干燥中期，随着干燥时间的增加，花生表面的含水率低于花生内部的含水率，因此，传质推动力使水分由物料内部向表面扩散。干燥后期，花生水分不断降低，水分蒸发的部位不断向花生内部迁移，花生仁体积缩小，花生壳与花生仁之间出现空隙，而水分迁移距离的增加，势必会导致干燥速率的降低。另外，花生仁内部的水分气态扩散需要穿过花生仁，花生红衣，壳与仁的空隙及花生壳才能到达表面从而实现蒸发，其阻力比一般外部扩散还要大，所以干燥速率持续降低。当干基含水量降到 0.2g/g 以下时，热泵温度对花生的干燥速率影响差异不大。

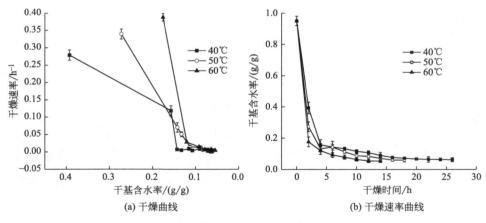

图 3-2　花生壳的热泵干燥曲线（a）及干燥速率曲线（b）

由图 3-2（a）可以看出，随着热泵干燥的温度升高，花生壳的干燥时间变短。花生壳的干燥曲线呈现出先极速下降再缓慢下降的趋势。由图 3-2（b）可以看出，在干燥初期，花生壳的干燥速率较快，花生壳是由纤维组成的多孔性物料，具有复杂的网状结构，输水通道较多，比较容易干燥。另外，早在干燥至花生安全水分含量（10%）时，不同干燥温度下的花生壳干燥速率变化极其缓慢，说明花生壳在干燥前期失水较多，是主要的干燥对象，而干燥后期花生壳含水率非常低，干燥对象主要为花生仁。

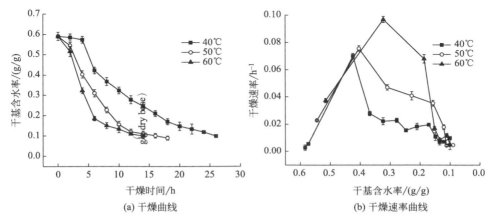

(a) 干燥曲线　　　　　　　　　　　(b) 干燥速率曲线

图 3-3　花生仁的热泵干燥曲线（a）及干燥速率曲线（b）

由图 3-3（a）可以看出，花生仁的干基含水率随着干燥时间的增加逐渐降低，且温度越高，干燥时间越短。相较于花生壳的干燥曲线，花生仁的干燥趋势较为缓慢，这可能是因为花生仁中含有较多的蛋白质，且结构较为致密，水分不易从物料中散失，且在干燥过程中，花生壳将花生仁包裹在其中，不能直接接触热量的传递，增大了疏水难度。由图 3-3（b）可以看出，花生仁的干燥速率曲线呈先升高再降低的趋势，说明在干燥前期，花生仁由于有花生壳这一特殊的保护层结构，外界热不与其直接接触，导致干燥速率较低，随着内部温度的逐渐升高和花生壳水分的脱除，花生仁的干燥速率加快。干燥至一定程度后，花生内部温度稳定，花生仁的含水率较低，干燥速率逐渐变慢。

3.3.2　带壳鲜花生热泵干燥模型的建立

试验对温度 50℃ 条件下带壳鲜花生热泵干燥的 *MR* 数据进行分析，选取了 8 个薄层干燥模型（表 3-2）用 origin8.5 对其进行非线性拟合，得出相应的

R^2、RSS、X^2 和模型系数，见表 3-3 和表 3-4。R^2 越大、RSS 和 X^2 越小，数据拟合结果越好。通过对比分析 8 种模型的 R^2、X^2、$RMSE$ 可得知，在温度 50℃ 的条件下，花生壳的 Two-term 模型 R^2 最大，为 0.9978，X^2 为 1.7320×10^{-4}，RSS 为 0.00104，数值较小，所以选择 Two-term 模型作为花生壳的最优热泵干燥模型，花生仁的 Approximation of diffusion 模型 R^2 最大，为 0.9903，X^2 为 0.0012，$RMSE$ 为 0.0099，数值较小，所以选择 Approximation of diffusion 模型作为花生仁的最优热泵干燥模型，结合花生壳与花生仁的干燥模型，可以为带壳鲜花生的热泵干燥规模化控制提供理论依据。

表 3-3　花生壳的各干燥模型统计分析结果

种类	模型	R^2	X^2	RSS	模型系数
花生壳	Lewis	0.9257	0.0061	0.0547	$k=0.5051$
	Hender and Pabis	0.9171	0.0068	0.0543	$a=0.4934, k=0.9792$
	Page	0.9960	3.2778×10^{-4}	0.0026	$k=1.0391, n=0.3538$
	Midilli	0.9954	3.7259×10^{-4}	0.0022	$a=1.0002, b=0.0018,$ $k=0.9744, n=0.4284$
	Two-term	0.9978	1.7320×10^{-4}	0.0010	$a=0.81560, b=0.1843,$ $k=0.9628, k_1=0.0623$
	Approximation of diffusion	0.9352	0.0053	0.0424	$a=0.3224, k=1.1088$
	Wang and Singh	0.5414	0.0375	0.3004	$a=-0.1777, b=0.0074$
	Logarithmic	0.9915	6.9938×10^{-4}	0.0049	$a=0.9085, k=0.7407, c=0.0900$

表 3-4　花生仁的各干燥模型统计分析结果

种类	模型	R^2	X^2	RSS	模型系数
花生仁	Lewis	0.9448	0.0070	0.0632	$k=0.1229$
	Hender and Pabis	0.9556	0.0056	0.0452	$a=0.9119, k=0.1989$
	Page	0.9855	0.0018	0.0147	$k=0.0399, n=1.5263$
	Midilli	0.9862	0.0017	0.0105	$a=1.0195, b=0.0034,$ $k=0.0367, n=1.6338$
	Two-term	0.9890	0.0014	0.0084	$a=-0.4273, b=1.4276,$ $k=1.0819, k_1=0.1720$
	Approximation of diffusion	0.9903	0.0012	0.0099	$a=2.1176, k=0.2076$
	Wang and Singh	0.9682	0.0041	0.0324	$a=-0.0942, b=0.0023$
	Logarithmic	0.9647	0.0045	0.0314	$a=1.2874, k=0.0942, c=-0.2108$

3.3.3　带壳鲜花生热泵干燥模型的验证

选取不同温度（40℃、50℃、60℃）的干燥条件下的实验值和最终模型预测值进行验证比较，结果如图 3-4 所示。

分析图 3-4 可知，实验值与模型预测值的吻合程度较高。说明模型的拟合程度较好。对不同温度下试验值与模型预测值进行相关性分析，40℃、50℃、60℃条件下的花生壳试验值与 Two-term 模型预测值相关性分别为 0.98、0.99、0.99（$P < 0.01$），花生仁试验值与 Approximation of diffusion 模型预测值相关性分别为 0.98、0.99、0.95（$P < 0.01$），说明不同温度条件下试验值与预测值都呈极显著的正相关，因此表明实验所建立的模型准确可靠，能够预测带壳鲜花生的花生壳与花生仁在热泵干燥过程中任意时刻、温度条件下的水分变化规律。

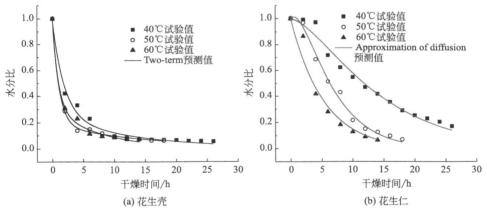

图 3-4　试验值与模型预测值比较

3.3.4　LF-NMR 分析

采用 LF-NMR 研究带壳鲜花生在热泵干燥过程中的水分状态，结果如图 3-5 所示。由于不同温度下花生仁的横向弛豫时间 T_2 反演谱相似，故以热泵温度 50℃ 为例进行说明。

T_2 弛豫时间反映了样品内部氢质子所处的化学环境，氢质子受束缚越大或自由度越小，T_2 弛豫时间越短，在 T_2 谱上峰位置较靠左，反之则靠右。从图 3-5 中可以看出，花生壳的 T_2 反演谱主要有 3 种峰，分别为深结合水

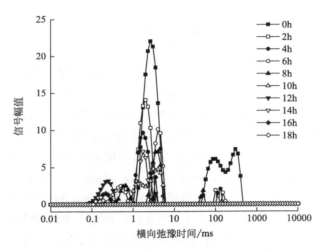

图 3-5 花生壳的横向弛豫时间 T_2 反演谱

T_{21}（0.1～1ms）、弱结合水 T_{22}（1～10ms），自由水 T_{23}（10～1000ms），花生壳中的弱结合水信号幅值最高，自由水次之，结合水最低。自由水的峰在干燥初期便急剧减少，至 8h 左右自由水的峰消失，说明由于自由水稳定性不高，热泵干燥的热能作用快速将自由水脱除；在干燥过程中，弱结合水的峰不断降低，说明弱结合水是干燥过程中主要被脱除的水，随着波峰向左迁移，弱结合水的可迁移性降低，也因此可以说明弱结合水一部分被热泵干燥脱除，另一部分可能转化为自由度较低的结合水；深结合水的峰由于有弱结合水的转化，信号幅值降低不明显但波峰向左迁移，说明深结合水在干燥的作用下稳定性增强。干燥至平衡时，花生壳中几乎只存在结合水。因此，从花生壳中三种水分的变化可以说明，花生壳在干燥前期失水较多，是主要的干燥对象，干燥至后期，花生壳中的水分含量极低，干燥对象主要为花生仁。

从图 3-6 中可以看出，花生仁的 T_2 反演谱主要有 3 个峰，代表 3 种氢质子状态，0.1～1ms 表示深结合水 T_{21}、1～10ms 表示弱结合水 T_{22}，由于花生中所含油脂，油脂与自由水的峰重叠，故 10～1000ms 表示自由水和油脂。在干燥初期，花生仁的 T_{22} 峰和 T_{23} 峰有重叠，信号幅值较高，说明此时自由水和油脂的弛豫时间较为接近且氢质子自由度较高，自由水和油脂的含量都较高。随着干燥的进行，T_{22} 的信号幅值不断降低，且波峰不断向左迁移，与 T_{23} 的峰分离，逐渐与 T_{21} 合并为一个峰，表明自由水的含量逐渐降低，且流动性变弱，动态地与结合水进行交换，可迁移性降低。T_{23} 在干燥过程中波峰变化并不明显，表明热泵干燥对油脂的含量影响较小。

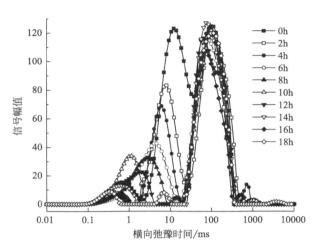

图 3-6　花生仁的横向弛豫时间 T_2 反演谱

3.3.5　热泵干燥对带壳鲜花生微观结构的影响

由图 3-7 可知，新鲜花生仁的结构呈现出饱满蓬松、似"蜂窝状"的结构，表面分布着少许类似气孔的存在。热泵干燥会使花生仁表面结构逐渐收缩变形，细胞壁出现褶皱、收缩、卷曲现象，表面还会出现颗粒状结构，说明花生仁的细胞内的水分在热泵干燥下逐渐迁移，剩下的大部分物质为脂肪和蛋白质，油脂浮于表面。另外，干燥温度的升高使花生仁的细胞脱水速度加快，导致细胞结构变化明显。40℃的干燥温度下花生仁还能保持较为明显的"蜂窝状"结构，只是较为干瘪，还能保留少量的气孔，花生仁在干燥后可能还会有呼吸的活力，这或许会有利于花生仁的育种。50℃的干燥温度下花生仁还保持着少量的"蜂窝状"结构和零星的气孔。60℃的干燥条件下花生仁表面"蜂窝状"结构消失，结构界限不再明显，没有气孔存在。说明热泵干燥对花生仁的结构会产生较大的影响，且温度越高，影响越大。

分析图 3-8 可以发现，新鲜花生壳大致可以分为三层，内层和外层是结构疏松的木质结构，中层的填充物似"烟雾"状或杂乱的絮状。热泵干燥会使花生壳的内外层结构收缩，变得致密，"烟雾"状结构逐渐扩散开，形成空洞。40℃的干燥温度下，花生壳的内外层结构较新鲜花生壳变得较为紧密，中间填充物有杂乱的交联，形成空洞。50℃干燥条件下花生壳的内外层结构排列更为紧密。60℃干燥温度下花生壳的内外层结构最为致密，中层结构也在收缩呈块

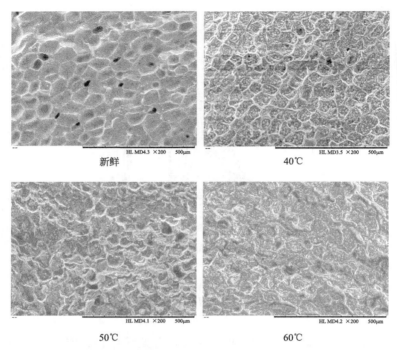

图 3-7　热泵干燥花生仁的 SEM 图

状，形成更多的空洞。空洞的形成可能是花生壳变脆的原因，而多层结构的收缩使花生壳的收缩幅度和范围也较大。干燥至平衡时，60℃的结构比 40℃的结构形变更为强烈，从侧面反映了干燥温度越高，对花生壳的微观结构的影响越明显。

3.3.6　热泵干燥对带壳鲜花生硬度的影响

由图 3-9（a）可以看出，在带壳鲜花生的热泵干燥过程中，在较高温度（50℃、60℃）条件下，花生仁的硬度随着干基含水率的降低呈现出增大-减小-增大的趋势。在干燥初期，花生仁水分扩散良好，花生仁的水分含量减少，硬度增大。但随着干燥的进行，网状孔隙结构变形，水分扩散通道被阻挡，同时，花生壳作为一个保湿的重要场所，使得花生内部形成一个温度较高却潮湿的环境，花生仁开始变软，韧性增加，硬度降低。随着干燥继续进行，持续高温的环境使花生仁周围的湿度逐渐变小，花生仁的硬度又逐渐上升，直至干燥终点。但在较低温度（40℃）条件下，花生仁的硬度持续上升，可能是因为温

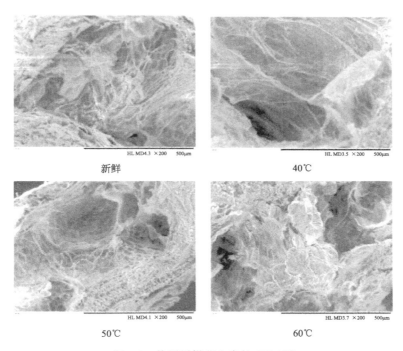

图 3-8　热泵干燥花生壳的 SEM 图

度较低，花生仁升温速率较慢，传热传质缓慢进行，所以花生仁的硬度持续上升。

　　由图 3-9（b）可以看出，在带壳鲜花生的热泵干燥过程中，花生壳的硬度先降低再升高，可能是因为鲜花生壳水分含量较高，干燥使得水分含量减少，韧性增加，所以硬度降低，但干燥后期花生壳的密度增大，硬度又逐渐上升。在较高温度下，花生壳水分丢失较快，孔隙率变化快，密度迅速增大，所以硬度变化不如较低温度的明显。另外，不同温度条件下带壳鲜花生干燥至平衡时，花生壳的硬度无明显差别，这也从侧面反映出花生壳在干燥后期几乎接近绝干，失水部分主要集中于花生仁。

3.3.7　热泵干燥对带壳鲜花生孔隙率的影响

　　从图 3-10（a）可以看出，在干燥温度为 40℃、50℃、60℃的条件下，干基含水率为 0.1g/g 时，花生仁的孔隙率分别为 55.35%、56.87%、59.01%。花生仁的孔隙率随着干基含水率的降低而增加，孔隙率与干基含水率几乎呈线

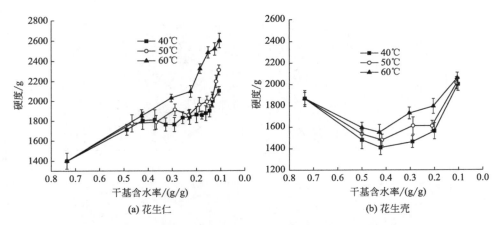

图 3-9　热泵干燥过程中花生仁（a）与花生壳（b）硬度变化曲线

性相关，温度越高，花生仁的孔隙率变化越快且干燥至终点时孔隙率越大。对于组织呈多孔结构的物料来说，在干燥过程中孔径收缩的体积几乎全部用于补偿孔隙中水分的损失。热泵干燥使带壳鲜花生的水分逐渐散失，水分的去除使得花生仁的细胞进入脱水状态，孔径逐渐收缩，逐渐干瘪的细胞导致网状结构变形，孔隙逐渐增多，孔隙率持续上升，但呈现出先快后慢的增长趋势。在干燥初期，孔隙率的变化较为缓慢，此时干燥对象主要为花生壳，所以花生仁孔隙率变化不明显；随着干燥的进行，花生仁孔隙率曲线变陡，说明干燥中期花生仁失水较多，孔隙率变化较快；干燥进入后期时，孔隙率曲线趋于平缓，增加幅度减小，说明干燥后期的花生仁孔隙率受干基含水率的影响逐渐减小。另外，在不同温度的一定干基含水率条件下，干燥温度越高花生仁孔隙率越大，可能是由于干燥温度越高，花生仁的细胞结构变化越剧烈，孔隙率变化速度加快，孔隙率也较高。

由图 3-10（b）可知，当干燥温度为 40℃、50℃、60℃时，干燥终点时花生壳的孔隙率分别为 82.23%、83.89%、84.64%。随着干燥时间的延长，花生壳的孔隙率逐渐增加，且温度越高花生壳的孔隙率变化越快。当干基含水率大于 0.4g/g 时，水分含量与孔隙率几乎呈线性关系，说明花生壳处于正常收缩阶段，失水体积等于收缩体积。随着干燥的进行，花生壳内部孔隙网状结构逐渐致密，花生壳的孔隙率逐渐增大，即单位面积内的孔隙增多，但通道变窄使水分迁移路径受阻，水分不易扩散，会导致干燥速率降低；当干基含水率降至 0.4g/g 后，60℃花生壳的孔隙率几乎不变，此时处于零收缩阶段，体积不随含水率的减小而变化，表明花生壳的大部分水已经除去，干燥的对象主要为花生仁，而 40℃ 和 50℃ 的孔隙率变化程度较小，说明此时失水体积大于收缩体积，花生壳还有收缩趋势，但收缩速度大大减缓。

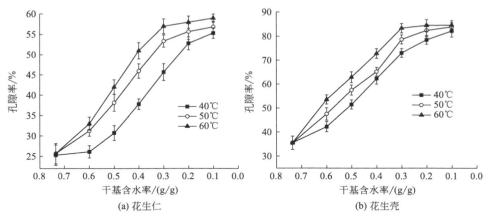

图 3-10　热泵干燥过程中花生仁（a）与花生壳（b）的孔隙率变化

3.4　本章小结

在热泵干燥过程中，花生壳的干燥速率曲线呈现出先急速下降再缓慢下降的趋势，花生仁的干燥速率曲线呈先升高再降低的趋势。通过低场核磁检测发现，随着干燥的进行，花生壳的自由水、弱结合水都在不断减少，干燥至平衡时仅剩余含量极低的深结合水，花生仁中弱结合水的信号幅值不断降低，且波峰向左迁移，与油脂峰的峰分离，逐渐与深结合水合并。结合花生壳与花生仁的干燥曲线可以得出，花生壳与花生仁有不同的干燥特性，在带壳鲜花生的干燥过程中，花生壳先于花生仁进行干燥，干燥后期时，花生壳的失水量极低，花生壳不再是主要的干燥对象，花生仁是主要失水部分。相较于热风干燥，热泵干燥过程中花生水分变化更为缓慢，热泵干燥对花生微观结构的破坏更小。选取 8 个干燥模型对带壳鲜花生热泵干燥的 MR 数据进行非线性拟合，通过对比分析可得知，花生壳的 Two-term 模型 R^2 最大，为 0.9978，花生仁的 Approximation of diffusion 模型 R^2 最大，为 0.9903，所以选择 Two-term 模型和 Approximation of diffusion 模型分别作为花生壳和花生仁的最优热泵干燥模型，结合花生壳与花生仁的干燥模型可以为带壳鲜花生的热泵干燥规模化控制提供理论依据。

第4章

带壳鲜花生热风-热泵联合干燥研究

前两章试验结果证明，热风干燥干燥时间虽短，但干燥品质不佳，热泵干燥品质虽好，但干燥时间较长，说明单一的干燥方式不能同时保障带壳鲜花生高效、高品质的干燥。而热风-热泵联合干燥能结合两种干燥方式的优点。从单一的干燥可以发现，在干燥前期，主要是花生壳的干燥，花生仁的干燥集中在干燥后期。由于外壳不需要保障品质，故采用热风干燥快速将带壳鲜花生的外壳中的水分蒸发，后期干燥中，换成热泵干燥，对花生仁进行深入干燥，这样就能在保障花生品质的条件下缩短干燥时间。所以本章在前两章的试验基础上，采用前期热风干燥，后期热泵干燥的分阶段式联合干燥，通过试验研究找出带壳鲜花生最佳的热风-热泵联合干燥工艺。

4.1 材料与设备

4.1.1 材料与试剂

同第 2 章 2.1.1。

4.1.2 仪器与设备

同第 2 章 2.1.2 和第 3 章 3.1.2。

4.2　试验方法

4.2.1　单因素试验

①　热风温度对带壳鲜花生干燥时间、感官评分的影响。在热风温度分别为 30℃、40℃、50℃、60℃、70℃、转换点含水率为 35%、热泵温度 50℃的条件下，测定带壳鲜花生在不同热风温度下的干燥指标。

②　转换点对带壳鲜花生干燥时间、感官评分的影响。在热风温度为 50℃、转换点含水率分别为 25%、30%、35%、40%、45%，热泵温度 50℃的条件下，测定带壳鲜花生在不同转换点含水率下的干燥指标。

③　热泵温度对带壳鲜花生干燥时间、感官评分的影响。在热风温度 50℃，转换点含水率为 35%，热泵温度分别为 30℃、40℃、50℃、60℃、70℃的条件下，考查不同热泵温度对带壳鲜花生的干燥指标的影响。

4.2.2　响应面优化试验

在 4.2.1 单因素试验的基础上，以影响干燥质量的 3 个主要因素为响应变量，分别用 X_1、X_2 和 X_3 来表示；干燥时间 Y_1 和感官评分 Y_2 为响应值对带壳鲜花生热风-热泵联合干燥工艺条件参数进行响应面优化，试验因素水平设计见表 4-1。具体感官评分标准见表 4-2。

表 4-1　Box-Behnken 试验设计因素与试验水平

编码水平	X_1 热风温度/℃	X_2 转换点含水率/(g/g)	X_3 热泵温度/℃
−1	40	0.3	40
0	50	0.35	50
1	60	0.4	60

4.2.3　感官评定

将干燥后的花生进行感官评定，据产品的色泽、外观、口感、味道等方面因素进行感官评定，评分为百分制，由 10 人评价，男女各半。评分标准见表 4-2。

表 4-2　花生感官评分标准表

指标	评分标准	分数
色泽 (25分)	红衣呈粉红色;花生仁表面有光泽	20~25
	红衣颜色较深;花生仁表面稍有光泽	14~19
	红衣呈暗红色;花生仁表面光泽不明显	7~13
	红衣色泽暗淡;花生仁表面无光泽	<6
外观 (25分)	红衣与花生仁贴合紧密,无裂纹,无脱落现象; 花生仁形状呈椭圆形,无形变	20~25
	红衣无脱落现象,无裂纹;花生仁略有形变	14~19
	红衣有脱落现象,有裂纹;花生仁形变较多	7~13
	红衣脱落现象严重,有严重裂纹;花生仁形变严重	<6
口感 (25分)	口感细腻,咀嚼适口	20~25
	口感稍差,咀嚼感稍差	14~19
	口感适中,咀嚼感适中	7~13
	口感粗糙,咀嚼感差	<6
味道 (25分)	有花生的香甜味	20~25
	香甜味稍差	14~19
	无异味	7~13
	有"哈喇"味	<6

4.2.4　收缩比的测定

同第 2 章 2.2.5。

4.2.5　数据处理

同第 2 章 2.2.9。

4.3　结果与分析

4.3.1　干燥工艺对带壳鲜花生干燥指标的影响

（1）热风温度对带壳鲜花生干燥指标的影响

由图 4-1 可知，在热风温度分别为 30℃、40℃、50℃、60℃、70℃转换点含水率为 35%，热泵温度 50℃的条件下，热风温度越高，干燥所需时间越短，收缩比逐渐减小，感官评分越低。高温虽然可以缩短干燥时间，但是对花生的品质有较大影响，虽然在干燥前期，花生壳是主要干燥对象，但花生仁也会有一定的水分在高温下快速流失，加剧花生仁的收缩程度。而且较高温度会使花生仁的风味物质发生变化，蛋白质变质，脂肪也会因高温产生"哈喇"味道。所以选择 40～60℃ 的热风干燥温度较为合适。

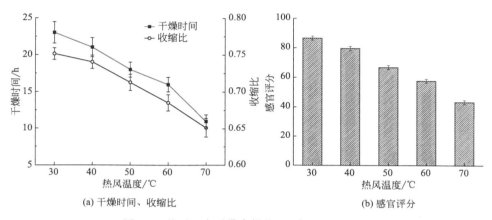

(a) 干燥时间、收缩比　　　　(b) 感官评分

图 4-1　热风温度对带壳鲜花生干燥指标的影响

（2）转换点含水率对带壳鲜花生干燥指标的影响

由图 4-2 可知，在热风温度为 50℃，转换点含水率分别为 25％、30％、35％、40％、45％，热泵温度 50℃ 的条件下，转换点含水率越大，干燥时间越长，收缩比越大，感官评分越好。这是由于热风干燥的干燥速率快于热泵温度，热泵干燥在后期干燥中时间优势不明显，但缓慢的干燥反而能提供更温和的干燥环境，从而保障花生仁的品质，所以转换点含水率越高，通过热泵干燥的时间也就越长，花生的感官评分也就越高。综合考虑下，选择 30％～40％的转换点含水率为较优水平。

（3）热泵温度对带壳鲜花生干燥指标的影响

由图 4-3 可知，热泵温度对带壳鲜花生干燥时间、感官评分的影响。在热风温度 50℃，转换点含水率为 35％，热泵温度分别为 30℃、40℃、50℃、60℃、70℃ 的条件下，带壳鲜花生的干燥时间、收缩比和感官评分都在随着热泵温度的升高而降低，收缩比的降低趋势较小，是因为后期的热泵干燥主要作用于花生仁，说明热泵干燥不会对花生仁的体积造成大的收缩。在热泵干燥中，高温对花生仁品质的不良影响依然存在，但不如热风高温的影响剧烈，在干燥时间上也有所体现。说明在干燥过程中，热泵温度也是影响带壳鲜花生干燥效果的重要因素。因此选择 40～60℃ 为较优的热泵干燥水平。

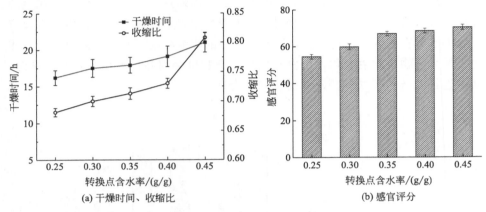

图 4-2　转换点含水率对带壳鲜花生干燥时间和感官评分的影响

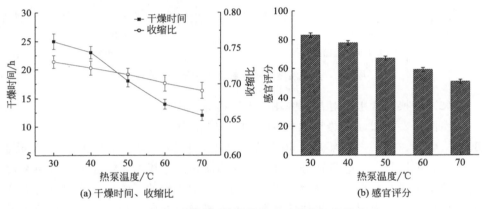

图 4-3　热泵温度对带壳鲜花生干燥指标的影响

4.3.2　干燥工艺参数的响应面优化

（1）数学模型的建立与检验

带壳鲜花生的干燥时间及感官评分试验值结果见表 4-3，通过回归分析，得到试验值的模型拟合结果，见表 4-4、表 4-5。由表可知，所得到的回归模型方程具有极显著水平，R^2 值为 0.9797，R^2_{Adj} 值为 0.9536，失拟项不显著，说明此方程能较高的拟合该试验结果，得到的两个模型的 R^2 值分别为 0.9940、0.9953。说明得到的干燥时间及收缩比的二次回归模型与本试验结果拟合较好，有较高的可信度。

表 4-3　Box-Behnken 试验设计因素与试验水平

试验号	因素			干燥时间/h	收缩比
	X_1	X_2	X_3		
1	0	0	0	18	0.745
2	−1	0	−1	27	0.764
3	−1	1	0	24	0.749
4	0	−1	−1	22	0.726
5	0	0	0	17	0.759
6	0	1	−1	25	0.739
7	−1	0	1	20	0.726
8	0	0	0	19	0.742
9	1	0	−1	21	0.701
10	1	1	0	17	0.702
11	1	−1	0	15	0.674
12	1	0	1	13	0.658
13	−1	−1	0	21	0.742
14	0	0	0	18	0.749
15	0	0	0	18	0.751
16	0	1	1	18	0.700
17	0	−1	1	17	0.696

利用 Design-Expert 8.05 软件对表 4-3 中的数据进行回归分析，得出干燥时间与收缩比的回归方程：

$$Y_1 = 103.75000 - 0.52500X_1 - 112.500X_2 - 1.6125X_3 - 0.500X_1X_2 - 2.500\text{E}^{-003}X_1X_3 - 1.000X_2X_3 + 5.000\text{E}^{-003}X_1^2 + 300.000X_2^2 + 0.0175X_3^2$$

$$Y_2 = -0.620 + 0.012X_1 + 3.953X_2 + 0.019X_3 + 1.000\text{E}^{-002}X_1X_2 - 1.250\text{E}^{-005}X_1X_3 - 4.000\text{E}^{-003}X_2X_3 - 1.798\text{E}^{-004}X_1^2 - 5.890X_2^2 - 1.897\text{E}^{-004}X_3^2$$

各项回归系数及其显著性检验结果见表 4-4 和表 4-5。

表 4-4　干燥时间方差分析表

方差来源	SS	f	MS	F	P	显著性水平
回归模型	204.87	9	22.76	49.03	<0.0001	显著
X_1	84.5	1	84.5	182	<0.0001	
X_2	10.13	1	10.13	21.81	0.002	
X_3	91.13	1	91.13	196.27	<0.0001	

续表

方差来源	SS	f	MS	F	P	显著性水平
X_1X_2	0.25	1	0.25	0.54	0.487	
X_1X_3	0.25	1	0.25	0.54	0.487	
X_2X_3	1	1	1	2.15	0.186	
X_1^2	1.05	1	1.05	2.27	0.176	
X_2^2	2.37	1	2.37	5.1	0.059	
X_3^2	12.89	1	12.89	27.77	0.001	
残差	3.25	7	0.46			
失拟项	1.25	3	0.42	0.83	0.541	不显著
误差项	2	4	0.5			
总离差	208.12	16				
R^2			0.9844			
R_{Adj}^2			0.9643			

表 4-5　收缩比方差分析表

方差来源	SS	f	MS	F	P	显著性水平
回归模型	0.015	9	1.68×10^{-3}	46.94	<0.0001	显著
X_1	7.63×10^{-3}	1	7.63×10^{-3}	213.49	<0.0001	
X_2	3.38×10^{-4}	1	3.38×10^{-4}	9.46	0.0179	
X_3	2.78×10^{-3}	1	2.78×10^{-3}	77.69	<0.0001	
X_1X_2	1.00×10^{-4}	1	1.00×10^{-4}	2.8	0.1382	
X_1X_3	6.25×10^{-6}	1	6.25×10^{-6}	0.17	0.6883	
X_2X_3	1.60×10^{-5}	1	1.60×10^{-5}	0.45	0.5248	
X_1^2	1.36×10^{-3}	1	1.36×10^{-3}	38.08	0.0005	
X_2^2	9.13×10^{-4}	1	9.13×10^{-4}	25.56	0.0015	
X_3^2	1.52×10^{-3}	1	1.52×10^{-3}	42.44	0.0003	
残差	2.50×10^{-4}	7	3.57×10^{-5}			
失拟项	8.13×10^{-5}	3	2.71×10^{-5}	0.64	0.6272	不显著
误差项	1.69×10^{-4}	4	4.22×10^{-5}			
总离差	0.015	16				
R^2			0.9837			
R_{Adj}^2			0.9627			

（2）干燥工艺参数的验证

综合考虑干燥时间与感官评分，由此得到带壳鲜花生热风-热泵联合干燥的最佳干燥工艺条件为：热风温度为 49.70℃、转换点含水率为 39.42g/g、热泵温度为 51.73℃。在此干燥条件下，干燥时间的预测值为 17.48h，收缩比的预测值为 0.745。根据实际操作调整试验参数为热风温度为 50℃、转换点含水率为 0.39g/g、热泵温度为 52℃，该条件下干燥时间为 17h，收缩比为 0.75。由此可见，试验值与预测值非常接近，说明采用响应面优化所得到的干燥工艺可行性高，能得到具有实际应用价值的带壳鲜花生热风-热泵联合干燥工艺。

4.3.3　联合干燥与单独干燥指标对比

本试验选用干燥时间、感官评分、收缩比为指标，对热风干燥、热泵干燥和联合干燥产品进行比较，结果如图 4-4 所示。

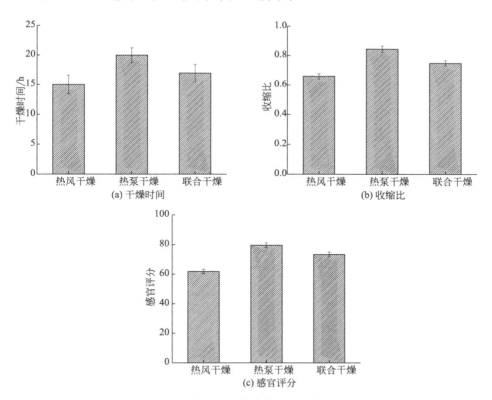

图 4-4　不同干燥方式对带壳鲜花生干燥指标的影响

对比三种干燥方式（热风干燥、热泵干燥和联合干燥）下干燥时间、收缩比、感官评分，可以发现联合干燥所得到的花生感官评分略低于热泵干燥，但收缩比相差无几，但干燥时间却远低于热泵干燥，而缩短干燥时间，就能实现更高效率的规模化生产。联合干燥相较于热风干燥来说，干燥时间有所增加，但感官评分高于热风干燥，收缩程度也大大降低。这一结果表明联合干燥的品质更接近热泵干燥，而所花的干燥时间却大幅度减少。

4.4　本章小结

热风-热泵联合干燥可以很好地针对带壳鲜花生这种双层物料进行分阶段式干燥，在前期使用热风干燥快速脱除花生壳水分，后期采用热泵干燥保障花生仁品质。通过对回归模型的分析，根据实际情况调整，带壳鲜花生热风-热泵联合干燥的最佳干燥工艺条件为：热风温度为 50℃、转换点含水率为 0.39g/g、热泵温度为 52℃。在此工艺条件下，通过联合干燥，既实现了带壳鲜花生的快速干燥，也能极大程度地保障花生的干燥品质，为实现更高效的规模化生产提供了理论基础。

第5章

带壳花生在贮藏过程中
对生物特性影响的研究

带壳鲜花生经过干燥后，还有至关重要的贮藏过程。花生中富含大量的脂肪和蛋白质，若在贮藏过程中操作不当，对水分、温度、湿度等贮藏条件控制不佳，就会使花生发生霉变和酸败的现象，使得花生品质降低，不仅影响花生的经济价值，还会使种子发芽率变低。因此，通过合理的贮藏，可以使得花生大批量保存，延长花生的货架期，扩大种植的收益，提高花生在市场上的竞争优势，还可以为来年播种提供高质量的种子。

本章主要通过测定带壳花生在贮藏过程中干基含水率、种子发芽率、虫害率、真菌感染率、黄曲霉毒素 B_1（Aflatoxin B_1，AFB_1）及氨基酸总量等的变化，对比分析不同贮藏方式（带壳贮藏、脱壳贮藏）在贮藏过程中生物特性的影响。

5.1 材料与设备

5.1.1 材料与试剂

带壳鲜花生：采摘自河南洛阳当地种植的豫花 9326。

AFB_1 标准品、AFB_1 免疫亲和柱、NaCl、甲醇、双氧水均购于河南省洛阳市奥龙化玻有限公司。

5.1.2 仪器与设备

表 5-1　主要仪器与设备

仪器名称	型号	生产厂家
电子天平	A.2003N 型	上海佑科仪器仪表有限公司

续表

仪器名称	型号	生产厂家
超高效液相色谱仪	Waters H-Class/TQ-S Micro	美国沃特世公司

5.2 试验方法

5.2.1 试验设计

将联合干燥后的花生置于网袋中，在阴凉处贮藏 8 个月，在贮藏过程中每个月抽取一部分样品进行试验。

5.2.2 种子发芽率的测定

发芽率的统计按采用计数法测定，采用 GB/T3543.7—1995 测定种子的发芽率。统计第 5d 及第 7d 的发芽数，并计算发芽率。

5.2.3 虫害率的测定

受到虫害的花生表面会出现破损或虫蚀孔，通过观察，统计虫害花生数，虫害率的计算公式如下：

$$V = \frac{n}{N} \times 100\%$$
(5-1)

式中，n 为已侵害破损花生数；N 为花生总数。

5.2.4 真菌污染率的测定

从每份花生样品中随机取 30 颗花生，在无菌条件下剥壳，然后每颗花生中取其中一粒用 0.1% 次氯酸钠消毒 2min，接着用无菌水清洗 3 遍；无菌水清洗后，用灭菌滤纸蘸取去除花生粒表面水分，将花生粒放置在琼脂培养基中，每个培养基中放 6 粒，共 5 个培养基，28℃ 培养 6~7d 后观察并计算真菌污染率。

5.2.5 AFB₁ 的测定

取 500g 花生进行粉碎，称取 20g 粉碎样品和 4gNaCl，加入 100mL 70%

甲醇。震荡摇匀后进行过滤，吸取 10mL 滤液加入 20mL 蒸馏水，混合均匀后过滤，取 15mL 处理好的样品液备用；在免疫亲和柱上端连接一个 10mL 的注射器，将处理好的样品液以每秒 1～2 滴的速度通过免疫亲和柱，待液体全部流出后，加 10mL 蒸馏水淋洗两遍，吹干免疫亲和柱中的水，再加入 1mL 甲醇，以 2～3 滴/s 的速度进行洗脱，收集流出的洗脱液，通过 0.22μm 微孔过滤器过滤装入进样瓶中，待检测。

　　超高效液相色谱条件如下：荧光检测器激发波长 360nm、发射波长 440nm，流动相为 75％甲醇、25％双氧水，进样量 1μL，进样时间 5min，流速 0.1mL·min⁻¹。

5.2.6　数据处理

　　同第 2 章 2.2.9。

5.3　结果与分析

5.3.1　贮藏过程中干基含水率的变化

　　图 5-1 为带壳贮藏花生与脱壳贮藏花生的干基含水率在贮藏过程中的变化。从图中可以看出，在贮藏的第一个月里，干基含水率下降最为明显，这是由于在联合干燥完成后，花生暴露在空气中，流通的空气也会对花生有少量的干燥作用，直到与花生中的水分达到一个动态的平衡状态。随着贮藏时间的增加，天气由干燥的冬季进入较为湿热的夏季，空气的湿度增大，花生中的水分也在相应地升高。在贮藏期结束时，带壳贮藏和脱壳贮藏的干基含水率分别为 0.071g/g 和 0.073g/g。在贮藏过程中带壳贮藏比脱壳贮藏的花生干基含水率一直都更高，这是由于花生外壳对花生仁可以起到一定的保湿作用，水分不易扩散，花生仁不易与外界进行水和热的交换。

5.3.2　贮藏过程中虫害率的变化

　　图 5-2 为带壳贮藏花生与脱壳贮藏花生在贮藏过程中虫害率的变化。从图中可以看出，在贮藏的前四个月里，并没有虫害现象的发生，花生的贮藏状况良好，但随着贮藏时间的增加，天气逐渐升温，花生开始出现虫害现象，且贮藏时间越长，虫害率越高。在贮藏期结束时，带壳贮藏和脱壳贮藏的虫害率分

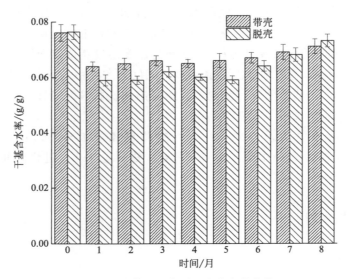

图 5-1　贮藏过程中干基含水率的变化

别为 13.3％和 23％。这是由于天气回暖后，达到虫子的繁殖条件，虫子开始繁殖生长，而一旦虫害发生，再加上有适宜的温度、食物的情况下，虫子的生长繁殖速度加快，所以虫害率明显升高。由于花生外壳对花生仁有一定的保护作用，使花生仁不易受外界侵染，防止虫子的啃食。因此，在贮藏过程中，带壳贮藏花生有利于保持花生仁的完整性并降低虫害的侵染情况。

5.3.3　贮藏过程中种子发芽率的变化

图 5-3 为带壳贮藏花生与脱壳贮藏花生的种子发芽率在贮藏过程中的变化，从图中可以看出，随着贮藏时间的增加，花生的种子发芽率呈现出明显的下降趋势。在刚开始贮藏时，种子发芽率的下降幅度并不大，这是由于刚开始贮藏时，外界温度较低，花生中各种物质不会发生太大的变化，但由于天气变暖，气温回升，花生中的油脂、蛋白质等物质可能会有一定程度的变化，而这种变化会使得种子萌发的条件不足，种子无法发芽。在贮藏期结束时，带壳贮藏和脱壳贮藏的种子发芽率分别为 0.77％和 0.63％。对比两种贮藏方式，带壳贮藏的花生种子发芽率明显高于脱壳贮藏的花生，这是由于花生外壳对花生仁有保护作用，使花生中的可挥发性物质不易流失，有利于保存供花生发芽的营养物质。因此，带壳贮藏有利于花生种子的发芽情况。

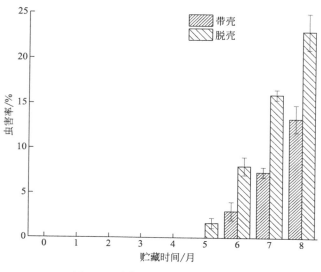

图 5-2　贮藏过程中虫害率的变化

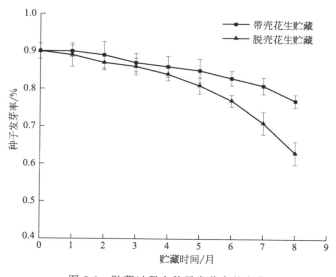

图 5-3　贮藏过程中种子发芽率的变化

5.3.4　贮藏过程中真菌感染率和 AFB_1 的变化

图 5-4 为带壳贮藏花生与脱壳贮藏花生的真菌感染率和 AFB_1 在贮藏过程

中的变化，从图中可以看出，带壳与脱壳贮藏花生的真菌感染率都随着贮藏时间的增加而呈现出逐渐递增的趋势，且带壳贮藏花生的真菌感染率明显低于脱壳贮藏的花生。在贮藏期结束时，带壳贮藏和脱壳贮藏的真菌感染率分别为9.9%和22.2%。这说明带壳贮藏能很好地防止花生仁被真菌感染。花生外壳就像一个保护层，将花生仁包裹其中，提供一个单独的贮藏空间，这能极大地降低花生仁的真菌感染率。而脱壳贮藏时，花生仁暴露在空气中，且与其他花生仁紧密相连，一旦有花生仁发生感染，周围的花生仁也会很快被感染，这也是脱壳花生在贮藏后期真菌感染率大幅度上升的原因。另外，在该试验条件下，整个贮藏过程中都未检测出 AFB_1，这说明在贮藏试验过程中，还没有达到黄曲霉素产毒条件，或者还未有黄曲霉，花生是感染了其他种类的真菌。

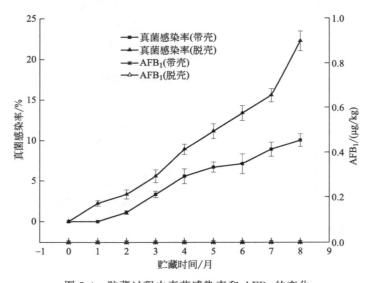

图 5-4　贮藏过程中真菌感染率和 AFB_1 的变化

5.3.5　贮藏过程中氨基酸总量的变化

图 5-5 为带壳贮藏花生与脱壳贮藏花生的氨基酸总量在贮藏过程中的变化，从图中可以看出，在贮藏过程中，两种贮藏方式下的花生氨基酸总量都呈先快后慢再加快的下降趋势，这是由于在贮藏过程中，花生中的各种酶活力还较高，但随着酶逐渐失去活力，氨基酸总量降低速度放缓，而随着天气逐渐升温，真菌类物质开始生长，消耗花生中的氨基酸，所以氨基酸总量下降速度加快。经过 8 个月的贮藏，带壳花生的氨基酸总量降低了 8.6%，脱壳花生的氨

基酸总量降低了 12.5%，这说明在花生的贮藏过程中，花生外壳对花生中的氨基酸起到了重要的保护作用，防止真菌类的物质生长也就间接地保存了花生中的氨基酸。因此，带壳贮藏对氨基酸的保存效果更有利。

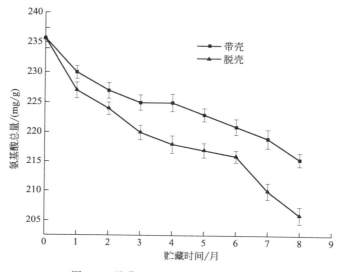

图 5-5　贮藏过程中氨基酸总量的变化

5.4　本章小结

在贮藏过程中，随着贮藏时间的增加，带壳贮藏花生在干基含水率、种子发芽率、氨基酸总量等指标上均优于脱壳贮藏花生，而在虫害率和真菌感染率上低于脱壳贮藏的花生，在贮藏期结束时，带壳贮藏和脱壳贮藏的干基含水率分别为 0.071g/g 和 0.073g/g，虫害率分别为 13.3% 和 23%，种子发芽率分别为 0.77% 和 0.63%，真菌感染率分别为 9.9% 和 22.2%，氨基酸总量分别降低了 8.6% 和 12.5%，说明花生外壳对花生仁的保护作用较强，使花生仁不易受到外界温度、湿度、阳光、氧气的干扰，极大地保留花生中的生物活性物质，保障花生在贮藏过程中的品质。所以，在有条件贮藏的情况下，尽可能地保留花生壳进行带壳贮藏，这会降低花生在贮藏过程中的品质损耗，有利于提高花生贮藏后价值。

本篇参考文献

[1] 郭声波, 张明. 历史上中国花生种植的区域特点与商业流通 [J]. 中国农史, 2011, 30 (01): 15-22.

[2] Mihajlovic L, Radosavljevic J, Nordlund E, et al. Peanut protein structure, polyphenol content and immune response to peanut proteins in vivo are modulated by laccase [J]. Food & Function, 2016, 7(5): 2357-2366.

[3] 徐飞, 刘丽, 石爱民, 等. 亚基水平上花生蛋白组成、结构和功能性质研究进展 [J]. 食品科学, 2016, 37(07): 264-269.

[4] Pallavi B V, Ramakrishna C. Processing, physico-chemical, sensory and nutritional evaluation of protein, mineral and vitamin enriched peanutchikki-an Indian traditional sweet [J]. Journal of Food Science and Technology, 2014, 51(1): 158-162.

[5] 厉广辉, 王兴军, 石素华, 等. 我国鲜食花生研究现状及展望 [J]. 中国油料作物学报, 2018, 40 (04): 604-607.

[6] 沈小刚. 浅析压榨法花生油加工技术 [J]. 食品安全导刊, 2018(26): 70.

[7] 梁磊. SSJC 公司花生食品的营销战略研究 [D]. 淄博: 山东理工大学, 2016.

[8] 陈娟, 闫海军, 刘皓, 等. 改性花生壳基型煤工业分析 [J]. 化工科技, 2019, 27(03): 15-18.

[9] Cao X, Wang M, Sun L, et al. Preferential adsorption of flavonoids from peanut shell by amino-modified Fe_3O_4 nanoparticles (MNP-NH2) [J]. Journal of the science of food and agriculture, 2018, 98: 3588-3594.

[10] 王金录, 初丽君, 王珊珊, 等. 花生多糖综合利用现状及发展前景 [J]. 粮食与油脂, 2015, 28 (03): 11-13.

[11] 王雪珂, 渠琛玲, 汪紫薇, 等. 高水分花生短期储存发热霉变研究 [J]. 粮食储藏, 2019, 48 (04): 25-28.

[12] 沈飞, 刘鹏, 蒋雪松, 等. 基于电子鼻的花生有害霉菌种类识别及侵染程度定量检测 [J]. 农业工程学报, 2016, 32(24): 297-302.

[13] Mwakinyali S E, Ding X, Ming Z, et al. Recent development of aflatoxin contamination biocontrol in agricultural products [J]. Biological Control, 2019, 128: 31-39.

[14] 潘月红, 钱贵霞. 中国花生生产现状及发展趋势 [J]. 中国食物与营养, 2014, 20(10): 18-21.

[15] 周凯, 徐振林, 曾庆中, 等. 花生(油)中黄曲霉毒素的污染、控制与消除 [J]. 中国食品学报, 2018, 18(06): 229-239.

[16] 张晓颖. 花生干燥与储藏技术探究 [J]. 种子科技, 2019, 37(15): 36, 38.

[17] 刘丽, 王强, 刘红芝. 花生干燥贮藏方法的应用及研究现状 [J]. 农产品加工(创新版), 2011 (8): 49-52.

[18] Siddique A B. Wright D. Effects of Different Seed Drying Methods on Moisture Percentage and Seed Quality (Viability and Vigour) of Pea Seeds (Pisum sativum L.). Wright. Agronomy Journal

[J]. 2003, 2(4): 201-208.

[19] 常雪娇, 李坤, 张英, 等. 晒干处理对花生过敏原蛋白潜在致敏性的影响[J]. 食品科学, 2018, 39(03): 49-54.

[20] 张欣, 唐月异, 胡东青, 等. 花生自然风干种子芥酸含量近红外分析模型构建[J]. 山东农业科学, 2018, 50(10):138-141.

[21] 刘婷, 王传堂, 唐月异, 等. 花生自然风干种子维生素E含量近红外分析模型构建[J]. 山东农业科学, 2018, 50(06):163-166.

[22] 唐月异, 王秀贞, 刘婷, 等. 花生自然风干种子蔗糖含量近红外定量分析模型构建[J]. 山东农业科学, 2018, 50(06):159-162.

[23] Lewicki P P. Design of hot air drying for better foods [J]. Trends in Food Science & Technology, 2006, 17(4): 160-163.

[24] Prestes F S, Pereira A A, Silva A C, et al. Effects of peanut drying and blanching on Salmonella spp [J]. Food Research International. 2019, 119: 411-416.

[25] 王安建, 刘丽娜, 李顺峰. 花生热风干燥特性及动力学模型[J]. 河南农业科学, 2014, (8): 137-141.

[26] 颜建春, 胡志超, 谢焕雄. 花生荚果薄层干燥特性及模型研究[J]. 中国农机化学报, 2013, (6): 205-210.

[27] 渠琛玲, 汪紫薇, 王雪珂, 王殿轩. 基于低场核磁共振的热风干燥过程花生仁含水率预测模型[J]. 农业工程学报, 2019, 35(12): 290-296.

[28] Goneli A, Araujo W D, Filho C P, et al. Drying kinetics of peanut kernels in thin layers. [J]. Engenharia Agricola, 2017, 37(5): 994-1003.

[29] 王海鸥, 胡志超, 陈守江, 等. 收获时期及干燥方式对花生品质的影响[J]. 农业工程学报, 2017(22): 292-300.

[30] Patil U G, Chavan J K, Kadam S S, et al. Effects of dry heat treatments to peanut kernels on the functional properties of the defatted meal [J]. Plant Foods for Human Nutrition (Dordrecht), 1993, 43(2): 157-162.

[31] 杨潇. 新鲜花生热风干燥试验研究[D]. 北京: 中国农业机械化科学研究院, 2017.

[32] Chung S Y, Butts C L, Maleki S J, et al. Linking Peanut Allergenicity to the Processes of Maturation, Curing, and Roasting [J]. Journal of Agricultural and Food Chemistry, 2003, 51(15): 4273-4277.

[33] 丁俊雄, 吴小华, 王鹏, 等. 干燥技术在果蔬中的应用综述[J]. 制冷与空调, 2019, 19(08): 23-27, 58.

[34] 颜建春, 吴努, 胡志超, 等. 花生干燥技术概况与发展[J]. 中国农机化, 2012(02): 10-13, 20.

[35] 王安建, 高帅平, 田广瑞, 等. 花生热泵干燥特性及动力学模型[J]. 农产品加工(下半月), 2015(5): 57-60.

[36] 武洪博, 陈君若. 基于水势理论的花生真空干燥特性分析[J]. 机械制造, 2016(6): 38-40.

[37] 陈霖. 基于控温的花生微波干燥工艺[J]. 农业工程学报, 2011, 27(S2): 267-271.

[38] Mennouche D, Bouchekima B, Zighmi S, et al. An Experimental Study on the Drying of Peanuts Using Indirect Solar Dryer [M]. Progress in Clean Energy, Volume 2 Novel Systems and Applications. Springer International Publishing, 2015, 2: 1115-1124.

[39] 张国良. 基于太阳能综合利用的花生干燥系统研究 [D]. 泰安: 山东农业大学, 2017.

[40] 李晖, 任广跃, 时秋月, 等. 怀山药片热泵-热风联合干燥研究 [J]. 食品科技, 2014, 39(06): 101-105.

[41] 陈迪丰. 带鱼联合干燥技术优化及货架期预测 [D]. 舟山: 浙江海洋大学, 2018.

[42] 徐建国, 徐刚, 张淼旺, 等. 热泵-热风分段式联合干燥胡萝卜片研究 [J]. 食品工业科技, 2014, 35(12): 230-235.

[43] Sahoo N R, Pal U S, Dash S K, et al. Effect of Combined Hot Air, Heat Pump and Microwave Assisted Drying on Quality Characteristics of Onion Shreds [J]. Journal of Agricultural Engineering, 2014, 51(1): 23-30.

[44] 孙媛, 谢超, 何韩炼. 东海小黄鱼(Pseudosciaena polyactis)热泵-热风联合干燥技术优化及品质分析 [J]. 海洋与湖沼, 2013, 44(04): 961-967.

[45] 周巾英, 王丽, 祝水兰, 等. 气调包装对花生原料品质的影响 [J]. 江西农业学报, 2019, 31(11): 72-76.

[46] 张俊, 刘娟, 臧秀旺, 等. 不同贮藏方式下花生种子萌发能力及生理变化研究 [J]. 中国农业科技导报, 2018, 20(06): 19-27.

[47] Claudia A V, Otniel F S, Antonio E S. Storage peanut kernels fungal contamination and aflatoxin as affected by liming, harvest time and drying. Ci ê ncia Rural [J]. 2005, 35(2): 309-315.

[48] 袁贝, 邵亮亮, 张迪骏, 等. 储藏条件对花生的氨基酸和脂肪酸组成及风味的变化影响 [J]. 食品工业科技, 2016, 37(08): 318-322.

[49] Angelo S F, Antonio A L, Eduardo Zink, et al. Peanut seed preservation in cold and dry chamber. Bragantia [J]. 2019: 371-375.

[50] 黄灿辉. 河南省花生加工业现状及建议 [J]. 河南农业, 2018(22):17.

[51] 何靖柳, 秦文, 王丰俊, 等. 花生平衡水分及吸着等热研究 [J]. 食品科技, 2013, 38(02): 148-154, 158.

[52] 李雅丽, 孙静, 刘阳. 花生霉变程度判定指标研究 [J]. 食品科技, 2013, 38(09): 309-313.

[53] Silivano E, Mwakinyali, Xiaoxia Ding, et al. Recent development of aflatoxin contamination biocontrol in agricultural products [J]. Biological Control, 2019, 128.

[54] 丁小霞. 中国产后花生黄曲霉毒素污染与风险评估方法研究 [D]. 北京: 中国农业科学院, 2011.

[55] 杨屹立, 杨玲, 徐武明, 等. 多孔介质物料热风干燥研究进展 [J]. 农机化研究, 2011, 33(3): 242-246.

[56] Seerangurayar T, Abdulrahim M, Al-Ismaili L H. et al. Experimental investigation of shrinkage and microstructural properties of date fruits at three solar drying methods [J]. Solar Energy, 2019, 180: 445-455.

[57] Aprajeeta J, Gopirajah R, Anandharamakrishnan C. Shrinkage and porosity effects on heat and mass transfer during potato drying [J]. Journal of Food Engineering, 2015, 144: 119-128.

[58] 李建欢, 杨薇. 澳洲坚果热风干燥过程中果壳收缩特性 [J]. 农业工程学报, 2012, 28(11): 268-273.

[59] Sagar V R, Kumar P S. Recent advances in drying and dehydration of fruits and vegetables: a review [J]. Journal of Food Science & Technology, 2010, 47(1): 15-26.

［60］陈良元，韩李锋，李旭，等．茄子片热风干燥收缩特性及其修正的湿分扩散动力学模型［J］．农业工程学报，2016，32(15)：275-281.

［61］谭礼斌．果蔬多孔介质干燥热质传递及应力应变研究［D］．西安：陕西科技大学，2017：1-2.

［62］Xu D，Wei L，Guangyue R，et al. Comparative study on the effects and efficiencies of three sublimation drying methods for mushrooms［J］. International Journal of Agricultural and Biological Engineering，2015，8(1)：91-97.

［63］Curcio S，Aversa M. Influence of shrinkage on convective drying of fresh vegetables：A theoretical model［J］. Journal of food engineering，2014，123(2)：36-49.

［64］娄正，刘清，师建芳，等．红枣气体射流冲击干燥收缩特性研究［J］．农业机械学报，2014，45(S1)：241-242.

［65］Yadollahinia A，Jahangiri M. Shrinkage of potato slice during drying［J］. Journal of food engineering，2009，94(1)：52-58.

［66］许冰洋，朱文魁，潘广乐，等．基于收缩特性分析的叶丝快速对流干燥动力学模型［J］．烟草科技，2015，48(9)：69-74.

［67］韦玉龙，于宁，陈恺，等．热风干制对红枣收缩特性的影响［J］．食品工业科技，2014，35(22)：114-118，123.

［68］Pereira，Fabíola Manhas Verbi，Carvalho，et al. Classification of intact fresh plums according to sweetness using time-domain nuclear magnetic resonance and chemometrics［J］. Microchemical Journal，2013，108：14-17.

［69］Oztop，Mecit，H，et al. H-1 Nuclear Magnetic Resonance Relaxometry and Magnetic Resonance Imaging and Applications in Food Science and Processing［J］. Food Engineering Reviews，2016，8(1)：1-22.

［70］王凤贺，丁冶春，陈鹏枭，等．油茶籽热风干燥动力学研究［J］．农业机械学报，2018，49(S1)：426-432.

［71］王宝霞．花生壳纤维素纳米纤丝及其复合材料的制备与性能研究［D］．南京：南京林业大学，2017：1-2.

［72］李宇健，陈复生，郝莉花，等．粉碎处理对水酶法提取花生营养成分及其组成影响规律研究［J］．中国油脂，2017，42(12)：1-5.

［73］刘宗博，张钟元，李大婧，等．双孢菇远红外干燥过程中内部水分的变化规律［J］．食品科学，2016，37(09)：82-86.

［74］付晓记，唐爱清，闵华，等．花生浸种过程中水分相态和水分迁移动态研究［J］．中国油料作物学报，2018，40(04)：552-557.

［75］Xu C，Li Y，Yu H. Effect of far-infrared drying on the water state and glass transition temperature in carrots［J］. Journal of Food Engineering，2014，136：42-47.

［76］王海鸥，胡志超，陈守江，等．收获时期及干燥方式对花生品质的影响［J］．农业工程学报，2017，33(22)：292-300.

［77］宋平，徐静，马贺男，等．用低场核磁共振检测水稻浸种过程中种子水分的相态及分布特征［J］．农业工程学报，2016，32(06)：204-210.

［78］王雪媛，陈芹芹，毕金峰，等．热风-脉动压差闪蒸干燥对苹果片水分及微观结构的影响［J］．农业工程学报，2015，31(20)：287-293.

[79] 刘云宏，孙畅莹，曾雅. 直触式超声功率对梨片超声强化热风干燥水分迁移的影响 [J]. 农业工程学报，2018，34(19)：284-292.

[80] 郑新兰. 夏花生高产栽培技术 [J]. 河北农业，2019(05)：13-14.

[81] Stevens J C, Rosa L A, Wall-Medrano A, et al. Chemical Composition and In Vitro Bioaccessibility of Antioxidant Phytochemicals from Selected Edible Nuts [J]. Nutrients, 2019, 11(10)：15-19.

[82] 黄春琼，刘国道，白昌军. 17 份落花生种质资源营养价值评价 [J]. 热带农业科学，2016，36(04)：51-54.

[83] 高利伟，许世卫，李哲敏，等. 中国主要粮食作物产后损失特征及减损潜力研究 [J]. 农业工程学报，2016，32(23)：1-11.

[84] 王艳艳，王团结，彭敏. 常用干燥设备的应用及其选用原则研究 [J]. 机电信息，2017(02)：1-16，27.

[85] Liu W C, Duan X, Ren G Y, et al. Optimization of microwave freeze drying strategy of mushrooms (Agaricus bisporus) based on porosity change behavior [J]. Drying Technology, 2017, 35(16): 1327-1336.

[86] 张美霞，琚争艳，阚建全. 鲜切藕片热风薄层干燥工艺优化及数学模型建立 [J]. 食品科学，2009，30(22)：184-187.

[87] 孟岳成，王雷，陈杰，等. 姜片热风干燥模型适用性及色泽变化 [J]. 食品科学，2014，35(21)：100-105.

[88] 关志强，王秀芝，李敏，等. 荔枝果肉热风干燥薄层模型 [J]. 农业机械学报，2012，43(02)：151-158，191.

[89] Taheri-Garavand A, Rafiee S, Keyhani A. Study on effective moisture diffusivity, activation energy and mathematical modeling of thin layer drying kinetics of bell pepper [J]. Australian Journal of Crop Science, 2011, 5(2): 128-131.

[90] Qiao S C, Tian Y W, Song P, et al. Analysis and detection of decayed blueberry by low field nuclear magnetic resonance and imaging [J]. Postharvest Biology and Technology, 2019, 156.

[91] 范小平，王雅君，邹子爵，等. 食品物料的收缩变形特性及其对干燥过程的影响 [J]. 食品工业，2018，39(09)：227-231.

[92] 王月月，段续，任广跃，等. 洋葱精油微胶囊喷雾干燥制备工艺优化及释放性能分析 [J]. 食品与机械，2019，35(11)：198-205.

[93] 王秀贞，吴琪，成波，等. 基因型和成熟度对鲜食花生感官品质的影响 [J]. 花生学报，2019，48(03)：51-54.

[94] 周小静，任小平，黄莉，等. 花生种质资源研究进展与展望 [J]. 植物遗传资源学报，2020，21(01)：33-39.

[95] 王晶. 常温贮藏花生的质量变化规律与近红外快速无损检测研究 [D]. 武汉：华中农业大学，2013.

[96] 刘肖. 花生储藏过程中水活度、温度对黄曲霉生长和产毒的影响 [D]. 北京：中国农业科学院，2016.

第二篇

鲜花生微波-热风耦合干燥研究

第 6 章

本篇概述

　　干燥作为一种安全、无污染、无残留、低成本的现代加工处理技术，已在食品、农产品加工领域广泛应用。其主要是通过热对流、热辐射、热传导的方式将物料表面、内部的水分移除。然而在农产品干燥过程中的主要问题是要将农产品的含水率降至安全水平，保证干燥产品的质量。在传统的农产品干燥方法（热风干燥、太阳能干燥等）中，较低的干燥温度导致干燥物料中出现与逆温度梯度，导致难以除去物料内部的水分，干燥时间长，干燥速率降低；但采用较高温度干燥农产品，会导致物料的品质明显降低，不适合对干燥温度变化敏感的食品、农产品。而介电干燥作为一种新兴的加热干燥技术，主要包含微波干燥和射频干燥。尤其是微波干燥，对于改善干燥过程中物料的热传导效果，降低农产品的品质损失，起到积极的改善作用。

　　微波干燥是高频电磁场与物料中的水分发生交互作用。水分子吸收电磁场中的能量，并将其转化为材料中的热能，以提高物料的加热速率和温度分布的均匀性，抑制微生物的增长。因此，微波干燥作为一种可靠的替代技术，在农产品采后干燥、杀菌领域具有潜在优势。但单独应用微波加热技术进行干燥加工也存在加热不均匀、微波穿透物料深度不足等问题。把微波干燥技术与传统的热风干燥、真空干燥、冷冻干燥相结合干燥方式已进行了广泛的研究，发现微波组合干燥技术，在提高干燥速率、保证物料品质、降低干燥能耗等方面表现都相较单一干燥方式更好。但无论是传统加工方式还行新兴的组合干燥加工方式，都需要真实可靠的工艺参数进行理论指导，可靠的微波干燥工艺参数对获得高品质、无霉菌感染的花生起着至关重要的作用。然而建立一套合理有效的干燥杀菌方法，需对菌株的耐热性、物料的热物性有着深入的认识。但到目前为止，尚未见到对花生微波干燥的系统性研究。为使微波干燥技术在花生生产加工领域中得到推广与应用，需对花生的微波干燥工艺、杀菌效果、干燥后产品品质和储藏品质进行系统性研究。

综上所述，本篇以新鲜花生为对象，利用微波这种杀菌干燥加工方式展开对花生干燥特性、杀菌效果、储藏品质变化研究。首先，开展花生的微波-热风耦合干燥动力学研究，为花生的采后微波干燥加工处理给予坚实的理论技术基础。然后，通过杀菌动力学来确定花生中的寄生曲霉的热致死温度和花生的热特性，为开发基于微波-热风耦合干燥的花生采后杀菌处理提供现实依据。再而，通过微波-热风耦合干燥工艺研究对花生干燥后品质的影响，为花生干燥处理品质的保证提供技术指导。最后，进行干燥后花生的加速贮藏试验，为确保微波-热风耦合干燥和储藏后的花生品质提供理论指导。

6.1　微波干燥技术简述

6.1.1　微波干燥系统工作原理

微波干燥技术是指农产品在频率为 300MHz～300GHz 的电磁波作用下的干燥技术。由于农产品中的水分子是极性分子，水分子在高频电磁场的影响下，随着电磁场的变化而不断运动，最终造成物料内水分子之间产生连续的摩擦碰撞，此时电磁场能转化为物料内能，导致物料内部核心温度升高，产生一系列的物理变化进而达到干燥的目的。常见的实验室规模的微波加热系统为辐照式加热系统，其结构简图见图 6-1 所示。将湿物料放置在微波发射器之间，打开微波加热系统后，系统内的物料在电磁场中被加热干燥。

微波所产生的能量通过高频交变电场传递到物料之中，被物料所吸收，导致物料自身温度迅速升高，但随着微波加热的持续进行，物料的介电损耗因子随之增加，进而导致吸收的微波能量持续提升。微波电磁场中的加热物料的升温速率，如式（6-1）所示：

$$\frac{\partial T}{\partial t} = \frac{2\pi f \varepsilon_0 \varepsilon'' \mid E_m \mid^2}{\rho C_p} \tag{6-1}$$

式中，T 为干燥所需温度，K；t 为干燥时间，s；f 为干燥电场的频率，Hz（$f = 2450$MHz）；ε_0 为真空电容率，8.854×10^{-12}F/m；ε'' 为物料的介电损耗因子；E_m 为干燥系统内电磁场强度，V/m；ρ 为干燥物料的密度，kg/m³；C_p 为干燥物料的比热容，J/（kg·K）。

由式（6-1）可得，干燥物料在微波干燥系统中的升温速率与电磁场频率、物料的介电损耗因子、电磁场强度成正比，与物料密度、比热容成反比。

在物料的干燥过程中，物料的干燥速率随着物料含水率的降低而降低，水分子扩散困难，干燥难度增加，而此时可通过微波的体积加热的方式来提高干燥速率，减少干燥时间，降低干燥能耗。

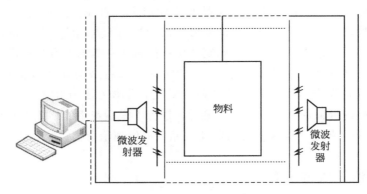

图 6-1 微波加热系统示意图

6.1.2 微波干燥技术优缺点分析

在传统干燥加热方式中，热量主要以热传导、热对流、热辐射的方式在被干燥物料中由外而内地缓慢传递。通过在物料表面热量的不断积累，直到温度达到阈值，开始向物料内部传递，导致物料由内而外出现逆温度梯度差，形成"冷点"。而微波干燥技术较好地避免了这种缺点，通过对所干物料进行体加热，既提升了物料的加热速率与效率，又避免物料内外产生温度梯度差。但在微波干燥过程中，高含水率的物料由于自身较高的损耗因子而导致在干燥过程中吸收较大的能量，而低含水率的物料则由于较低的损耗因子而吸收较小的能量。物料在进行微波干燥加热过程中，由于不断地吸收能量，物料温度升高，而导致物料水分开始随吸收能量而逐渐减少。因此，在进行微波干燥的过程中被干物料内会出现水分平衡，水分逐渐分布均匀。并且由于微波加热属于介电加热，而害虫由于自身属性特点，其损耗因子相对大于物料的介电损耗因子，因此在进行微波杀虫的过程中，将害虫致死时，物料仍然处于较低的温度。总之，微波干燥是对物料进行整体加热，加热速率快，同时使被加热物料中的水分实现水分的自相平衡，并且能对物料进行杀虫、杀菌。

而微波干燥技术存在两个最主要的问题分别是"热偏移"和"尖端集中效应"，这两个关键问题严重影响物料的加热均匀性，导致干燥物料品质下降。

"热偏移"现象是指，由于被加热材料的介电损耗因子与温度成正比，因此材料的介电损耗因子会随温度的增加而增加，在微波干燥过程中，如果局部温度高于周围温度，则由于介电损耗因子的增加而导致该部分的热量高于周围部分的热量，并吸收比周围部分更高的电磁能，最终导致材料局部过热。"尖端集中效应"是因为干燥过程中温度分布的均匀性取决于电磁场分布的均匀性和待干燥物料的初始温度分布，以及所要干燥物料的形状。而微波加热的物料必须相对规则，如果加热物料的形状不规则，则微波首先会穿透加热过程的较薄部分，从而导致这部分的温度先升高，但当较厚的部分开始被加热时，较薄的部分会已经过热。这两个问题严重制约着微波加热技术应用于农产品的干燥领域。

6.2　国内外研究现状

微波加热技术最初是在工业领域中被研究开发的，但是在 1940 年以后，微波加热技术逐渐开始应用于农产品的干燥、杀菌和灭虫，肉制品的解冻，面制品的烘焙等其他领域。但由于技术研究不透彻、设备成本高等原因，未能在商业、农业上实现大规模的应用。近些年，伴随着对微波加热技术研究的深入，使得微波加热技术在农产品加工领域的推广应用成为可能。现阶段，微波在农产品领域的应用研究主要包括以下方面。

6.2.1　微波干燥在农产品加工中的应用

由于农产品工业的需求，微波加热技术现已开始在农产品采后处理中有广泛研究，并且已将相应的微波干燥机器投入工业应用。如 Soysal 等利用2450MHz 微波加热系统，进行欧芹的微波干燥研究。结果表明，微波功率的变化对欧芹的颜色没有影响。程丽君等以蓝莓为研究物料，通过拟合干燥曲线，确定 Page 模型能很好地预测蓝莓的微波干燥。Horuz 等通过对比热风干燥、微波干燥新鲜的石榴的假种皮表明，微波干燥假种皮样品的速率比热风干燥更快。Celen 等苹果片为原料，通过试验研究苹果片的微波干燥行为，以确定微波功率对干燥能耗、颜色和品质的影响，试验结果表明，随着微波功率的增加，苹果片的干燥时间、能耗和品质逐渐降低。Santana 等为提高牛油果油的提取率以及品质，对未脱皮的牛油果进行热风干燥、微波干燥和冷冻干燥，干燥后压榨发现微波干燥的未去皮的果肉油脂品质最好，含有大量的 α-生育酚、β-胡萝卜素和酚类化合物。Mahmoud 等研究了在不同微波干燥功率下对玉米芯的结构、抗氧化性的影响，研究发现微波干燥加快了干燥效率，但是较高和较低的微波功率会导致不耐热多酚热降解，从而导致玉米芯抗氧化性下降。

除单独的微波干燥系统外，将微波干燥系统为主与其他干燥方式结合成组合干燥系统一同应用，可以大大提升干制品的品质、降低能耗。如Poogungploy 等以澳洲坚果为研究对象，利用一套带有热风辅助的微波加热系统，进行微波干燥效率研究。结果表明，热风辅助干燥可以有效提高微波干燥效率。与传统的单一热风干燥相比，微波与热风干燥相结合可以将干燥时间缩短 10%，并保证了澳洲坚果的干燥产品品质。Monton 等为提高姜黄素的提取率，在进行热风干燥后进行微波干燥，明显提高了姜黄素的提取率。Zahoor 等以苦瓜为原材料，通过对比热风干燥与微波辅助热风干燥苦瓜，结果显示，微波辅助虽导致苦瓜中维生素 A 含量的下降，但其通过缩短干燥时间，保证了苦瓜的抗氧化性以及品质。Lv 等为研究出快速安全的圆竹干燥方式，将微波干燥同真空干燥相结合，结果表明，圆竹的干燥速率、收缩率随微波功率、真空度的升高而增加，且能快速安全地获得裂纹率低的圆竹干制品。Yildiz 等以柚子为研究物料，对比微波干燥和热风辅助微波干燥对柚子总酚和抗氧化性的影响，结果显示，相比单独的微波干燥，热风辅助微波干燥不仅能大大缩短干燥时间，而且可获得高质量的柚子干制品。

在干燥热敏性食品材料时，除通过辅以其他干燥方式外，还可以通过间歇性地施加微波能量来解决这一问题。Aghilinategh 等以苹果片为原料，通过对比连续微波干燥与间歇微波干燥，得出结论，间歇微波干燥是可以获得高质量的水果片或可以处理加工有价值农产品的有利干燥方式。Dehghannya 等以为将超声波作为预处理方式，研究间歇微波-热风联合干燥对马铃薯的品质的影响和能量消耗，结果显示，随着微波功率和脉冲比的增加，马铃薯的体积缩小率降低、复水率增加，相对传统干燥方式，比能耗最大可将下降 23.32%。Wang 等以香菇为原料，通过对比热风干燥、红外线干燥、间歇微波辅助热风干燥，发现间歇微波辅助热风干燥不仅大大缩短干燥时间，且在干燥过程中产生的硝酸香气种类和数量（1.17%）方面具有优势，且适量地产生了醛酮类物质提高了其保鲜性。Xu 等对比研究了在间歇微波干燥不同脉冲比下对水稻的脱水性以及生物物理特性的影响，结果显示随着脉冲比的增加，水稻谷粒的裂纹质量和发芽率逐渐增加，水稻通过高脉冲比的间歇微波干燥可获得高质量的产品。

6.2.2　微波杀菌在农产品加工中的应用

利用微波加热对农产品以及食品进行杀菌处理的研究已有多次报道。微波杀菌技术包括水辅助微波加热和微波杀菌，可以用来控制农产品及食品中潜在的微生物。微波杀菌可以用不同的机制来解释，如选择性加热、电穿孔、细胞膜破裂和磁场耦合等。微波的选择性加热是指，在干燥过程中，微生物体内可以达到比周围流体更高的温度，从而导致微生物结构遭破坏；对于电穿孔机制，穿过细胞膜的电位会在细胞中产生气孔，从而导致细胞破裂；在磁场耦合机制中，细胞的重要组成部分，如蛋白质或 DNA 在点磁场中与电磁波耦合而被破坏。Zeinali 等以鸡肉为原料，研究了微波温度对微生物生长的抑制作用，结果表明当加热温度提高到 74℃ 时，鸡肉表面的微生物污染可被消除。Umudee 等以油棕榈果实为研究材料，在进行微波杀菌后，除将微生物杀死外，导致果实中的酶活性下降 60% 左右，中止了果实中的酶脂解反应，利于保证果实的储藏品质。Kim 等通过微波加热技术，控制杀灭辣椒酱中的单核李斯特菌，减少致病菌 5 个对数周期以上。Rodriguez 等以法兰克福香肠为原材料，施加 1100W、2450MHz 的微波辐射，物料中的单核李斯特菌从 6 个对数周期下降 5 个对数周期，保证了香肠的安全。Taheri 等为解决小扁豆种子的葡萄孢灰霉病，通过对流化床施加微波，在保证种子活力没有明显降低的同时，使小扁豆种子的感染率降低了 30%，保证了种子质量安全。Hashemi 等以哈密瓜汁为原材料，研究了常规、微波、欧姆加热对哈密瓜汁中大肠杆菌、鼠伤寒沙门氏菌、肠炎沙门氏菌和金黄色葡萄球菌等致病菌的灭活效果，结果显示，微波加热相比常规加热对致病菌的灭活速度远快于常规加热。

6.2.3　微波加热在农产品加工的其他应用

微波可用于烘焙处理。微波烘焙技术多用于面包、大米、肉类等，微波烘焙对该类物料的品质、色泽、口感等都有较好的保证。Aguilar 等在微波烘焙面包过程中，发现微波烘焙能较好地保证色泽和质感，不出现褐色与硬皮。Das 等以山羊肉为研究材料，以 700W，2450MHz 的微波加热至 75～80℃，结果显示，微波烘焙时间随着脂肪含量的增加而缩小，此外，与高脂肪含量的肉相比，低脂肪含量的肉经微波烘焙后更具口感。Saniso 等通过微波辅助流化床实现了一种无需蒸汽且加工步骤更少的煮米的新方式。

微波老化葡萄酒。微波的高频电磁场会通过增强葡萄酒中极性分子的旋转

63

来破坏弱氢键的稳定性，诱导自由基的形成。而自由基被普遍认为是葡萄酒氧化的关键因素，酿酒过程中自由基的存在会缩短葡萄酒的老化时间。Yuan 等以赤霞珠红葡萄酒为原料，使用 500W 的微波辐照 20min，结果表明，微波显著地改变了葡萄酒的总酚、总单体花色苷、酸度，而未检测到对 pH 值、电导率有显著影响，故在老化葡萄酒的加工中，可以有效地利用微波辐射来减少老化时间并改变葡萄酒的理化特性。

6.2.4　微波杀菌动力学模型的研究

近些年，许多专家学者都对各种食源性的致病菌做了大量细致研究，如大肠杆菌、沙门氏菌等，但这些研究更多的是关注在传统的加热方式下，对食源性致病菌的杀菌动力学的对数线性动力学模型的研究。但随着加热方式的更迭，新型热加工技术的兴起，先前的所使用的线性动力学模型已不能准确适用于新的加热杀菌方式。就如 Van 等的研究发现，在沙门氏菌的热处理过程沿用传统的对数线性动力学模型不能准确反映杀菌过程，后提出 Weibull 模型能较好地模拟预测线性。后对其深入探讨发现，其适用面更为广泛，既适用于传统加热处理方式，又适用于非热加工处理方式，如脉冲电场杀菌技术、超高压杀菌技术等。靳志强等以发霉的玉米为研究材料，建立了微波杀菌条件下寄生米曲霉在玉米中的动力学杀菌模型。Weibull 模型可以更准确地预测微波灭菌过程中的动力学模型。可以通过该模型指导玉米微波杀菌的实际生产和应用。Lakins 等在进行不同水分活度下对肠炎沙门氏菌杀菌时间的试验研究，也得到同样的结果。Fang 等以水稻中的寄生曲霉为研究对象，比较了传统加热和微波加热对米曲霉的杀灭作用。结果表明，完全杀灭寄生曲霉的微波加热所需温度也比常规加热低 20℃，且与常规加热相比，微波加热更有利于破坏寄生曲霉的蛋白质和 DNA。Kar 等通过对大蒜鳞茎进行微波旋转干燥，来验证微波对黑曲霉的灭杀效果，并对比 Weibull 和 Bigelow 两个数学模型对黑曲霉杀菌动力学的预测情况，发现 Weibull 模型比线性经典 Bigelow 模型对微波杀灭黑曲霉数据有更好的拟合。

6.2.5　微波干燥均匀性的相关研究

对物料进行微波干燥处理时，干燥的不均匀性导致干燥物料表面温度的不均匀，更甚者会引起干燥物料的热损伤，对干燥物料的品质造成严重负面影响。还有些干燥物料的热平衡温度对于微波功率的变化十分敏感，这极大地影响了微波干燥后物料的品质以及杀菌的效果。

为克服微波干燥的不均匀性问题,大量专家学者都基于试验对食品的微波干燥的均匀性进行改善,如含水量较高的新鲜水果,苹果、梨、草莓、香蕉等,低含水率的农产品,如胡萝卜、辣椒、蘑菇、坚果、意大利面等。根据微波加热不均匀性的原因和现阶段研究状况,微波加热不均匀性问题的解决方法主要是通过提高微波干燥腔内电磁场的分布的均匀性来提高干燥的均匀性。Sebera 等通过有限元模拟法,模拟研究了几种模式搅拌器配置对多模腔内和矩形截面介质样品内电场均匀性的影响,在加热物料附近移动的搅拌器对所有模拟情况下的均匀性都有显著的改善。在相同的方法下对黏土样品温度变化的模拟和实测比较,验证了理论结果的正确性。Izli 等测量了脉冲和连续微波干燥物料的温度分布,结果显示,脉冲干燥比连续加热使温度分布更加均匀。物料在干燥过程中的随机位移可以减少对电磁场分布的依赖,因为可以认为在空间上具有相同的微波能量吸收概率。改变物料的位置方式主要分为两种:平面移动和旋转移动,典型例子就是带式微波干燥装置和家用微波炉。但就如Manickavasagan 等的研究一样,由于微波的正弦波模式,在带式微波干燥器上通过微波腔的简单移动并不能确保湿物料的均匀加热,依旧会产生热偏移现象。颗粒物料在空间中的无序运动也可以改善微波干燥的均匀性,即使在电磁场分布不均匀的情况下也是如此,因为颗粒在理论上有相似的概率穿过腔体中的任何一点,从而经历平均微波辐射。并且,颗粒的这种随机运动实际上消除了热偏移问题的产生。Feng 等在微波喷动床干燥机中对莴苣片进行干燥,结果显示,微波的介入可使干燥时间缩短 88%,并由于喷动床特殊的流体力学特性,莴苣片被有效地混合在一起,使物料内部的温度分布均匀。所以,可以将微波干燥与传统热风干燥与间歇式微波辐射相结合,提升微波干燥的均匀性。

6.3 存在的问题

花生作为一种营养丰富的粮油作物在工业上的用途十分广泛,且作为餐桌上的美食而备受大众青睐,而传统的干燥方式干燥速率慢、品质差、营养损失严重,很难满足现代农产品工业生产的需求。微波加热技术作为一种新型加热技术,为新鲜花生的快速、高效和安全的工业生产提供了一种新的发展方向,但以下的问题还需提供更好的解决方案。

① 传统的热风干燥、太阳能干燥技术由于干燥速率慢、产品品质低,难以满足现阶段消费者的供需要求。而一些新型干燥技术由于成本高、能耗大、

生产效率低等缺陷暂时还无法应用于花生的工业化生产领域，无法推广应用。

② 花生采后霉变损失率较大，急需采后花生灭霉杀菌相关的技术研究。大量研究已表明微波加热技术可以替代化学熏蒸法对农产品进行杀菌，然而对于花生采后杀菌却鲜有相关报道。

③ 微波加热不均匀性是阻碍微波干燥技术推广应用的关键问题，提高花生微波加热的均匀性需要与传统干燥方式相结合，来克服微波干燥温度不均匀的问题。

④ 在对花生进行干燥后，没有关注工业上实际生产，将干燥与储藏割裂研究，没有对花生储藏过程进行特别研究关注，需对花生采后加工与储藏进行整体的技术研究。

第 7 章

花生微波-热风耦合干燥特性研究

花生机械干燥多以热风、热泵为主,也有学者对花生的微波干燥进行了初步探索,然而热风、热泵烘干会造成花生内部水分难以向外扩散迁移,导致干燥时间长、营养成分损失大、能量消耗高等问题;而微波干燥虽极大提高干燥效率,缩短干燥时间,但其干燥均匀性较差,难以保障花生干制品品质。

为了减少花生在微波干燥时由于电磁能量吸收不均匀造成的干燥不均匀和局部过热的影响,微波干燥常常与热风干燥、冷冻干燥、真空干燥、喷动床干燥和渗透干燥等相结合;一方面,由于花生主要作为粮油作物,冷冻干燥和真空干燥涉及较高的前期投资和运营成本,故热风干燥最适合与微波干燥相结合;另一方面,干燥时间较长、干燥速率低是热风干燥的主要缺点,并且由于干燥过程中的温度上升而易在物料表面形成硬壳。而微波干燥可以通过增加由内而外的扩散速率和向物料表层提供足够的水分来缓解这一问题。因此,将微波干燥和热风干燥结合可以显著缩短干燥时间,提高产品质量和能量效率。

近年来,关于组合干燥技术在农产品加工领域的应用愈加广泛,本章将以新鲜花生为研究物料,将利用微波加热与组合干燥这两种技术开始展开新鲜花生采后干燥的技术研究。首先,确认花生间歇微波-热风耦合干燥的最佳工艺条件,随后从干燥动力学、能耗和两个方面分析非稳态(间歇微波)条件下组合干燥的效果。研究了间歇微波-热风耦合干燥中对总干燥时间、干燥速率、能耗的影响,并与稳态条件下(热风干燥和微波-热风耦合干燥)进行对比研究。最后,通过干燥动力学模型来描述花生干燥过程。通过上述试验研究为我国的花生采后干燥加工提供理论支持,以期增强我国花生在国际市场上的竞争力。

7.1　材料与设备

7.1.1　样品准备

本试验采用河南省洛阳市农贸市场购买的新鲜花生，经剔除杂质与泥土后筛选（8.91±0.92）mm×（8.47±0.83）mm×（16.01±1.49）mm 大小的花生后，用密封袋在 4℃冰箱中进行无光密封保藏。并将花生脱壳后通过 105℃加热干燥法测得花生的初始干基含水率为（0.95±0.05）g/g。为了保证每次试验的新鲜花生的初始温度一致，试验前将新鲜花生样品置于室温下 1h，随后再进行后续研究试验。

7.1.2　微波-热风耦合干燥系统

采用如图 7-1 所示的微波-热风耦合干燥系统进行试验。该系统工作频率为 2450MHz，输出功率在 100～500W 内可调节使物料可获得不同的加热速率。该系统还配有热风加热系统，风速 0.1～0.8m/s、温度 25～100℃可调节，可为物料进行连续的加热干燥处理。

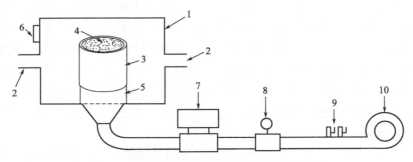

图 7-1　微波-热风耦合干燥试验台结构示意图

1—干燥箱体；2—微波辐射口；3—容器；4—物料；5—进气口；6—排气口；

7—加热控制器；8—流量计；9—气阀；10—风机

7.2　间歇微波-热风耦合干燥工艺的确定

影响花生微波干燥过程的因素是十分众多的，例如热风温度、热风风速、微波功率密度、微波间歇比等。但风速过高会导致能耗显著提高,故将风速在整个过程中恒定为 0.5m/s。研究发现,在对花生进行热风干燥时,一旦温度长时间超过 50℃时,会引起花生气味、外观、红衣异常,品质下降;陈霖在对花生进行微波干燥研究时发现,微波强度不宜过高,1.2W/g 时为最佳,使温度保持在 45~50℃,得到的花生品质高。颜建春等在热风温度 34℃下运用薄层干燥 Diffusion Approximation 模型与试验数据的拟合优度最高。王招招等对花生进行微波-热风耦合干燥试验,得到的结果为在微波强度 0.9W/g、风温 40℃、风速 0.5m/s 下,花生仁的品质最高。

7.2.1　间歇微波-热风耦合干燥单因素试验设计

试验前将新鲜花生取出,恢复至室温。由于影响花生间歇微波-热风联合干燥过程的因素主要有热风温度、微波强度和微波的间歇比等。结合相关文献和试验设计方法,以干燥综合评分(干燥速率、干燥能耗)为评价指标,研究热风温度、微波强度和微波间歇比对花生间歇微波-热风耦合干燥评分的影响。分别对每个影响因素进行单因素试验,每个试验组含有 100g 新鲜花生,每15min 对试验组进行称重,直至干燥物料的安全贮藏水分 10% 以下后结束干燥,进行 3 次平行试验。

① 热风温度:设置微波强度 1.0W/g,微波间歇比 0.75,考查热风温度(35℃、40℃、45℃、50℃、55℃)对干燥综合评分的影响。

② 微波强度:设置热风温度 45℃,微波间歇比 0.75,考查微波强度(0.6W/g、0.8W/g、1.0W/g、1.2W/g、1.4W/g)对干燥综合评分的影响。

③ 微波间歇比:设置热风温度 45℃,微波强度 1.0W/g,考查微波间歇比(t_{on}/t_{off} 分别为 0.25、0.50、0.75、1.00、1.25;$t_{off}=60s$)对干燥综合评分的影响。

7.2.2　间歇微波-热风耦合干燥响应面分析试验设计

根据单因素试验结果,以干燥速率和能耗为响应值,通过 Box-Behnken 试验获得最优花生间歇微波-热风耦合干燥工艺。

7.2.3　干燥参数的测定

① 干基含水率:按式(7-1)计算。

$$X = \frac{m_t - m}{m} \tag{7-1}$$

式中，X 为 t 时刻花生的干基含水率，g/g；m_t 为 t 时刻花生的质量，g；m 为花生绝干时的质量，g。

② 干燥速率：按式（7-2）计算。

$$DR = \frac{D_m}{D_T} \tag{7-2}$$

式中，DR 为花生的平均干燥速率，g/min；D_m 为花生样品的总失重，g/（g·min）；D_T 为总干燥时间，min。

③ 能耗：它是指用整台微波-热风耦合干燥设备蒸发花生 1kg 水所需要的能量，按式（7-3）计算。

$$SEC = \frac{p \times t}{\Delta m} \times 10^{-6} \tag{7-3}$$

式中，SEC 为干燥花生的能耗，MJ/g；P 为微波-热风耦合干燥设备各部件的功率，W；t 为微波-热风耦合干燥设备各部件开启的时间，s；Δm 为花生干燥前后的质量差，g。

④ 综合评分：采用隶属度综合评分法，分别计算干燥速率、能耗两项指标的隶属度。当干燥速率越高，干燥时间越短，其隶属度按式（7-4）计算，当能耗越低，生产加工成本越低，其隶属度按式（7-5）计算，间歇微波-热风耦合干燥花生的综合得分按式（7-6）计算，利用 Design-Expert 10 软件优化得到综合评分的最优工艺参数。

$$U = \frac{c_i - c_{min}}{c_{max} - c_{min}} \tag{7-4}$$

$$U = \frac{c_{max} - c_i}{c_{max} - c_{min}} \tag{7-5}$$

$$S = aU_1 + bU_2 \tag{7-6}$$

式中，U 为隶属度；S 为综合得分；c_{max} 为各指标的最大值；c_{min} 为各指标的最小值；c_i 为第 i 组试验结果；U_1 为干燥速率的隶属度；U_2 为能耗的隶属度；a 为干燥速率的权重系数，在该试验中为 0.5；b 为比能耗的权重系数，在该试验中为 0.5。

7.2.4　对比干燥试验

将 200g 的新鲜花生样品放置在铁质干燥网（25.0cm×25.0cm×3.0cm）

内平铺一层，随后将样品放置于干燥系统的腔体中心进行包括热风干燥在内的3 种干燥程序进行试验，试验详情见表 7-1。前两个干燥程序是在稳态条件下对花生进行干燥，与上述非稳态条件下进行的间歇微波-热风耦合干燥进行对比。

表 7-1　干燥程序说明

编号	简称	描述	温度/℃	微波强度/(W · g⁻¹)	微波间歇比
1	HD-50	热风干燥	50	—	—
2	MW-HD	微波-热风耦合干燥	40	0.9	—
3	IM-HD	间歇微波-热风耦合干燥	45	1.25	1.10

7.2.5　微波-热风耦合干燥动力学模型拟合

干燥动力学研究的主要目的是为测定物料在干燥条件下的含水率随时间变化的情况。并根据某一特定条件下的实验结果，绘制特定的干燥特性曲线，来描述物料的干燥特性。由于物料干燥的过程中总是伴随着快速的热质交换，且由于微波干燥具有较快的加热速度，但也带来了难以控制干燥终点的问题，这就导致了微波干燥下得到的产品品质的不稳定性和差异性。因此在物料的干燥过程中，对其中水分的控制是十分重要的，这对于大规模产业化、连续化生产至关重要。因此，在干燥过程中精准描述干燥物料的水分含量，并需要进行实时控制。

目前，对于单一的热风干燥、微波干燥的干燥动力学模型已有研究，Ilter 等研究了热风干燥、微波干燥对蒜泥的干燥动力学，研究结果表明，Page 模型对微波干燥描述得较好，而 Logarithmic 模型对热风干燥拟合度较好。

干燥动力学模型对于评估工艺参数对干燥时间的影响以及优化干燥过程是必要的。干燥动力学模型通常分为理论模型和半经验模型两种。但由于农产品自身结构的复杂性以及干燥过程中质热特性的变化，很难建立农产品的理论干燥模型。而半经验模型虽然具有半经验参数，由于模型缺乏物理意义，反而可以准确地预测农产品的干燥过程。通过 7 种半经验模型：Newton［式（7-9）］，Page［式（7-10）］，Henderson and Pabis［式（7-11）］，Modified Page［式（7-12）］，Wang and Singh［式（7-13）］，Two Term［式（7-14）］，Logarithmic［式（7-15）］对花生间歇微波-热风耦合干燥工艺进行描述。

$$MR = \frac{X_t - X_e}{X_0 - X_e} \tag{7-7}$$

式中，X_e 为花生平衡时的干基含水率，g/g；X_t 为 t 时刻花生的干基含水率，g/g；X_0 为花生初始干基含水率，g/g。由于 X_t 和 X_0 远远大于 X_e，由此式（7-7）可以进一步地简化为：

$$MR = \frac{X_t}{X_0} \tag{7-8}$$

模型公式分别为：

$$MR = \exp(-kt) \tag{7-9}$$

$$MR = \exp(-kt^n) \tag{7-10}$$

$$MR = a\exp(-kt) \tag{7-11}$$

$$MR = \exp(-kt)^n \tag{7-12}$$

$$MR = 1 + at + bt^2 \tag{7-13}$$

$$MR = a\exp(-k_0 t) + b \cdot \exp(-k_1 t) \tag{7-14}$$

$$MR = a \cdot \exp(-kt) + c \tag{7-15}$$

将基于前文对花生间歇微波-热风耦合干燥进行的工艺优化结果，对花生的间歇微波-热风耦合干燥动力学模型进行研究，建立其对花生间歇微波-热风耦合干燥过程中水分含量变化的动力学模型，做到对花生整个干燥过程中的含水率进行实时控制与预测。

7.3 结果讨论与分析

7.3.1 间歇微波-热风干燥条件优化

（1）热风温度对花生干燥综合评分的影响

由图 7-2 可知，随着热风温度升高，干燥速率在 35～45℃时迅速增大，当热风温度＞45℃后干燥速率增速变缓，能耗的提升随温度的升高呈线性关系，表明在热风温度＜45℃时，热风温度的升高对干燥速率提高有显著影响，当温度＞45℃时，热风温度的升高对干燥速率的影响减小。这是由于在间歇微波-热风联合干燥中，微波将花生内的水分随温度梯度扩散到花生表面后热风将其蒸发，但当热风蒸发水分的速率大于扩散到花生表面水分的速率时，干燥速率提升减缓，因而导致干燥的综合评分呈现先增高后降低的变化趋势。在 40～50℃时具有较高的干燥综合评分，在 45℃时具有最高的干燥综合评分，在55℃时具有最低的干燥综合评分，故选择热风干燥温度 40℃、45℃、50℃分别设定为 Box-Behnken 试验的－1、0、1 水平。

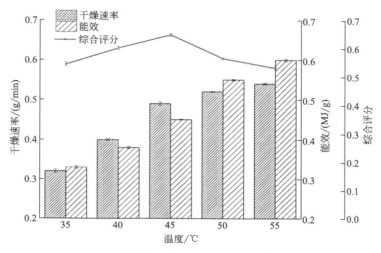

图 7-2　热风温度对花生干燥综合评分的影响

（2）微波强度对花生干燥综合评分的影响

由图 7-3 可知，随着微波强度升高，在微波强度 0.6～0.8W/g 时干燥速率变化较缓，当微波强度＞1.0W/g 后干燥速率增速显著提高，能耗的提升与微波强度的升高呈线性关系，表明在微波强度＜1.0W/g 时，微波强度的升高对干燥速率提高影响较小，当微波强度＞1.0W/g 时，微波强度的升高对干燥速率的影响增大。这是由于在间歇微波-热风联合干燥中，在较低微波强度时，热风蒸发花生表面水分起主要作用，故微波强度的提升对干燥速率的影响不明显，随着微波强度的提高，花生内的水分随温度梯度向外扩散的速率加快，导致干燥速率显著提高。因而导致干燥的综合评分呈现先增高后降低的变化趋势。在 1.0～1.4W/g 时具有较高的干燥综合评分，在 1.2W/g 时具有最高的干燥综合评分，在 0.6W/g 时具有最低的干燥综合评分，故选择微波强度 1.0W/g、1.2W/g、1.4W/g 分别设定为 Box-Behnken 试验的−1、0、1 水平。

（3）微波间歇比对花生干燥综合评分的影响

由图 7-4 可知，随着微波间歇比的提升，干燥速率和能耗的提升均随微波间歇比的提升呈线性关系，但微波间歇比＞1.00 时，其能耗有显著上升。因而导致干燥的综合评分呈现先增高后降低的变化趋势。在微波间歇比为 0.75～1.25 时具有较高的干燥综合评分，在微波间歇比为 1.00 时具有最高的干燥综合评分，在微波间歇比为 0.25 时具有最低的干燥综合评分，故选择微波间歇比 0.75、1.00、1.25 分别设定为 Box-Behnken 试验的−1、0、1 水平。

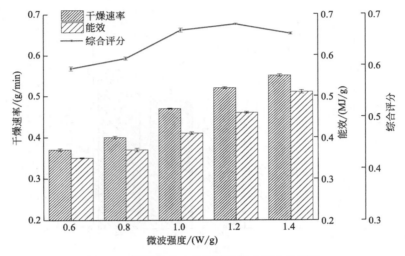

图 7-3　微波强度对花生干燥综合评分的影响

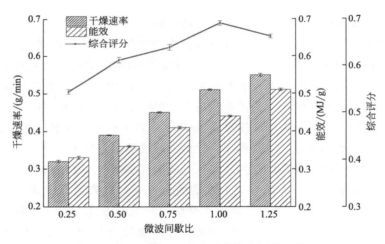

图 7-4　微波间歇比对花生干燥综合评分的影响

7.3.2　响应面分析

试验因素水平见表 7-2，试验设计及结果见表 7-3。

表 7-2　花生间歇微波-热风耦合干燥 Box-Behnken 试验设计因素及水平

水平	A 热风温度/℃	B 微波强度/(W·g⁻¹)	C 微波间歇比
−1	40	1.0	0.75

水平	A 热风温度/℃	B 微波强度/(W·g⁻¹)	C 微波间歇比
0	45	1.2	1.00
1	50	1.4	1.25

表 7-3　花生间歇微波-热风耦合干燥 Box-Behnken 试验设计结果

试验号	A	B	C	干燥速率/(g·min⁻¹)	能耗/(MJ·g⁻¹)	综合评分
1	−1	−1	0	0.392	0.362	0.6124
2	1	−1	0	0.547	0.511	0.6561
3	−1	1	0	0.519	0.460	0.6794
4	1	1	0	0.520	0.462	0.6780
5	−1	0	−1	0.405	0.369	0.6239
6	1	0	−1	0.519	0.459	0.6814
7	−1	0	1	0.523	0.458	0.6874
8	1	0	1	0.518	0.460	0.6780
9	0	−1	−1	0.402	0.380	0.6047
10	0	1	−1	0.449	0.415	0.6305
11	0	−1	1	0.452	0.409	0.6421
12	0	1	1	0.512	0.436	0.6990
13	0	0	0	0.517	0.435	0.7085
14	0	0	0	0.515	0.438	0.7006
15	0	0	0	0.511	0.439	0.6970
16	0	0	0	0.514	0.438	0.7028
17	0	0	0	0.517	0.434	0.7083

采用 Design-Expert 10.0.3 分析软件对表 7-3 中的各试验组与响应值进行多元回归分析，得出相应的方差分析结果。由表 7-4 可知，微波强度和微波间歇比对花生耦合干燥的综合评分影响极显著（$P<0.01$），热风温度对其影响为显著（$P<0.05$）。以综合评分为响应值，拟合获得回归方程，剔除不显著项后，最终得到二次回归方程：

$$Y = 0.7 + 0.011A + 0.021B + 0.021C - 0.011AB - 0.017AC - \\ 0.012A^2 - 0.034B^2 - 0.024C^2 \quad (7\text{-}16)$$

该模型的 f 值为 34.40，$P<0.01$，表明该回归模型极显著；该回归模型

的 $R^2=0.9894$，$R^2_{\mathrm{Adj}}=0.9503$，表明该回归模型的拟合度较好，试验结果与预测结果之间相近的一致性；$CV=1.34\%<5.00\%$，表明该模型稳定性较好；该模型的失拟项 $P>0.05$，表明模型的误差对预测结果的影响较小。

表 7-4　多元回归模型方差分析表

方差来源	平方和	自由度	均方	F 值	P 值
模型	0.019	9	2.088×10^{-3}	34.40	$<0.0001**$
A	1.010×10^{-3}	1	1.010×10^{-3}	16.65	$0.0047**$
B	3.668×10^{-3}	1	3.668×10^{-3}	60.44	$<0.0001**$
C	3.570×10^{-3}	1	3.570×10^{-3}	58.83	$<0.0001**$
AB	5.018×10^{-4}	1	5.018×10^{-4}	8.27	$0.0238*$
AC	1.139×10^{-3}	1	1.139×10^{-3}	18.77	$0.0034**$
BC	2.235×10^{-4}	1	2.235×10^{-4}	3.68	0.0965
A^2	5.675×10^{-4}	1	5.675×10^{-4}	9.35	$0.0184*$
B^2	5.000×10^{-3}	1	5.000×10^{-3}	82.39	$<0.0001**$
C^2	2.362×10^{-3}	1	2.362×10^{-3}	38.92	$0.0004**$
残差	4.248×10^{-4}	7	6.069×10^{-5}		
失拟项	2.620×10^{-4}	3	8.735×10^{-5}	3.67	0.1217
纯误差	1.628×10^{-4}	4	4.070×10^{-5}		
总离差	0.019	16			

注：$**$ 表示差异极显著（$P<0.01$），$*$ 表示差异显著（$P<0.05$）；$R^2=0.9894$，$R^2_{\mathrm{Adj}}=0.9503$，$CV=1.34\%$。

各因素的交互作用对响应值（花生间歇微波-热风耦合干燥的综合评分）的影响如图 7-5～图 7-7 所示，其中，热风温度和微波强度、热风温度和微波间歇比对花生间歇微波-热风耦合干燥综合评分的交互作用极显著，微波强度和微波间歇比对花生间歇微波-热风耦合干燥综合评分的交互作用不显著。

基于 Design-Expert 10.0.3 数据分析软件，间歇微波-热风耦合干燥花生的最佳工艺条件为：热风温度 45.075℃，微波强度 1.262W/g，微波间歇比 1.110，在此条件下预测最佳评分为 0.711。考虑到实际操作的便利性，实际条件略有调整：热风温度为 45℃，微波强度为 1.25W/g、微波间歇比为 1.10。在此条件下进行 3 次验证实验，得到花生间歇微波-热风耦合干燥的干燥速率为（0.517±0.002）g/min，能耗为（0.433±0.002）MJ/g，综合评分为 0.710±0.003，与预测结果 0.711 吻合良好。故表明该回归模型能较好地预测花生间歇微波-热风耦合干燥的最佳工艺条件。

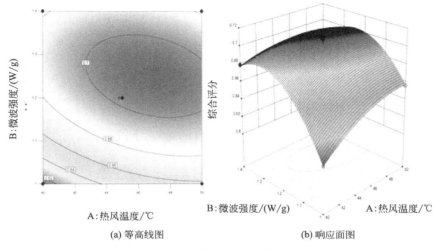

(a) 等高线图　　　　　　　　(b) 响应面图

图 7-5　热风温度和微波强度对综合评分的交互影响

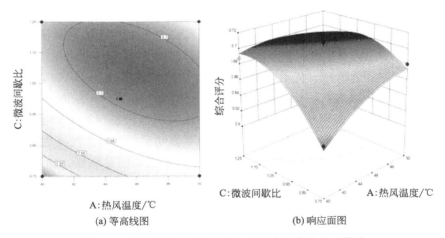

(a) 等高线图　　　　　　　　(b) 响应面图

图 7-6　热风温度和微波间歇比对综合评分的交互影响

7.3.3　对比干燥试验

结合上述花生间歇微波-热风耦合干燥最佳工艺参数，与热风干燥、微波-热风耦合干燥进行对比研究，评价其干燥动力学。在稳态和非稳态条件下花生干燥的平均干燥速率和能耗，结果如图 7-8 所示。

由图 7-8（a）可知，新鲜花生热风干燥的干燥过程最长，在 840min 左右

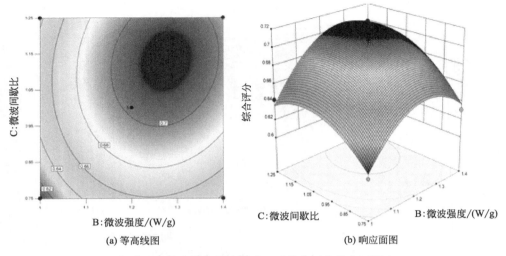

(a) 等高线图　　　　　　　　　　　　　　(b) 响应面图

图 7-7　微波强度和微波间歇比对综合评分的交互影响

达到最终安全含水率，且由图 7-8（b）可知，在整个热风干燥的干燥过程中，干燥速率最小。与热风干燥相比，微波-热风耦合干燥的干燥时间显著缩小，约 75%。且由图 7-8（b）、图 7-8（c）可知，微波-热风耦合干燥的干燥速率、平均干燥速率均为最高。相对上述两种稳态干燥，间歇微波-热风耦合干燥作为一种非稳态干燥方式，相比热风干燥的干燥时间减少 57% 左右，干燥速率和平均干燥速率显著增加，但相对于微波-热风耦合干燥，其干燥速率较低。在能耗图 ［图 7-8（c）］ 中，可以明显地观察到热风干燥的能耗最高，可见其能效最低。间歇微波-热风干燥的能耗相对于热风干燥明显降低，约 52%。但微波-热风耦合干燥的能耗最低，能效最高。结果可以得出一个结论，能耗与干燥时间成正比，能效与干燥时间成反比。

7.3.4　干燥动力学模型拟合结果

根据上述间歇微波-热风耦合干燥的最佳工艺，根据其干燥过程中水分比，拟合到半经验模型中，并进行非线性回归分析，以确定干燥动力学模型的参数以及 R^2 和 $RMSE$ 值，用于评估模型的拟合度。拟合结果在表 7-5 中给出。由表 7-5 可知，所有的干燥动力学模型都可以描述大蒜泥在间歇微波-热风耦合干燥中的干燥行为。然而，Two Term 模型在所有干燥模型中具有最高的 R^2（＞0.997）和最低的 $RMSE$（＜0.0025）值（表 7-5），能够较好地描述花生的间歇微波-热风耦

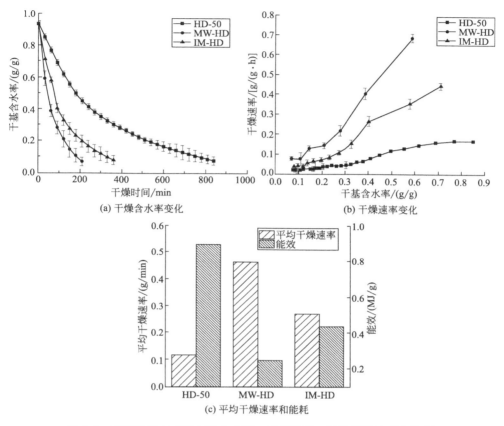

图 7-8　不同干燥方式的干燥含水率、干燥速率、平均干燥速率和能耗

合干燥过程中的干燥行为，能够对新鲜花生的干燥过程中的水分比进行准确预测。造成相同干燥方式，但最佳模型却有差异的原因可能是由于干燥农产品的物理、化学性质的差异。

表 7-5　多元回归模型方差分析表

模型	a	b	c	k	k_0	k_1	n	R^2	$RMSE$
Newton				0.476				0.989	0.0106
Page				0.535			0.867	0.995	0.0041
Henderson and Pabis	0.970			0.460				0.990	0.0092
Modified Page				0.690			0.690	0.988	0.0106
Wang and Singh	−0.377	0.040						0.965	0.0305
Two Term	0.320	0.685			0.221	0.727		0.997	0.0025
Logarithmic	0.927		0.072	0.576				0.996	0.0028

7.4　本章小结

①　经过对花生间歇微波-热风耦合干燥中热风温度、微波强度、微波间歇比进行单因素试验，并以干燥速率和能耗的综合评分为响应值进行响应面分析。得出在热风温度45℃，微波强度1.25W/g、微波间歇比1.10的条件下的干燥综合评分最高。

②　通过对比花生的热风干燥、微波-热风耦合干燥、间歇微波-热风耦合干燥的干燥时间、干燥速率、干燥平均速率、能耗进行对比。得出相较于传统干燥方式，经不同间歇微波-热风耦合干燥条件的花生，其干燥速率、能耗和干燥综合评分有显著提升。

③　基于对花生间歇微波-热风耦合干燥的最佳干燥工艺，对7个半经验干燥模型进行干燥动力学拟合，得出 Two Term 模型能较好地描述新鲜花生的间歇微波-热风耦合干燥过程。

第8章

微波-热风耦合干燥对花生品质影响

微波-热风耦合干燥，作为一种理论相对完备的联合干燥技术，相对于传统常规干燥、单一微波干燥技术，具有干燥速率快、干燥温度分布更加均匀和产品品质损失小的优点。本章拟通过试验，比较分析常规热风干燥、微波-热风耦合干燥和间歇微波-热风耦合干燥对于花生干制品的颜色、脂肪酶活性、硬度和脂肪酸组成的影响。

8.1 材料与设备

8.1.1 材料与试剂

试验材料同第 7 章 7.1.1。

8.1.2 仪器与设备

实验室自制微波热风联合干燥试验台（同第 7 章 7.1.2）。

食品物性分析仪：SMS TA. XT Express Enhanced，Stable Micro Systems Ltd。

色差仪：D-110 型，爱色丽色彩技术有限公司。

气相色谱-质谱联用仪：TSQ 9000，美国赛默飞世尔科技公司。

色谱柱：SP-2560 毛细管柱（100m × 0.25mm × 0.2μm），美国 Sigma 公司。

电热鼓风恒温干燥箱：101 型，北京科伟永兴仪器有限公司。

旋转蒸发仪：RE-52 系列，上海亚荣生化仪器厂。

8.2　干燥试验与品质分析

8.2.1　干燥试验

热风干燥：将 200g 新鲜花生样品平铺一层在干燥网内，将样品放置在干燥器的腔体中心，干燥温度设置为 50℃。当试验开始后，每隔 30min 用精度为 0.01g 的天平测量样品总重量，以计算花生样品在干燥过程中含水率的减少量。直至花生含水率达到干基含水率 8% 的安全贮藏含水率，结束试验。

微波-热风耦合干燥：将 200g 新鲜花生样品平铺一层在干燥网内，将样品放置在干燥器的腔体中心，干燥温度设置为 40℃、微波强度为 0.9W/g。当试验开始后，每隔 30min 用精度为 0.01g 的天平测量样品总重量，以计算花生样品在干燥过程中含水率的减少量，直至花生含水率达到干基含水率 8% 的安全贮藏含水率，结束试验。

间歇微波-热风耦合干燥：将 200g 新鲜花生样品平铺一层在干燥网内，将样品放置在干燥器的腔体中心，干燥温度设置为 50℃、微波强度 1.25W/g、微波间歇比 1.10。当试验开始后，每隔 30min 用精度为 0.01g 的天平测量样品总重量，以计算花生样品在干燥过程中含水率的减少量，直至花生含水率达到干基含水率 8% 的安全贮藏含水率，结束试验。

8.2.2　脂肪酶与色差的测定

花生的脂肪酶活性测定，参照 GB/T 5523—2008 对花生脂肪酶活动度进行测定。取花生样品 2g 于研钵中碾碎，并与 1mL 纯油脂、5mL pH=7.4 的缓冲液混合均匀，并移取至锥形瓶中，于 30℃ 恒温恒湿箱中反应 1d，然后加入 50mL 乙醇-乙醚混合液，充分振摇并静置 2min，然后过滤入比色试管中，将 25mL 滤液转移至三角烧瓶中，加入 5 滴酚酞指示剂。用 0.05mol/L 的氢氧化钾溶液滴定直至呈浅红色，并记录消耗的氢氧化钾的量。

$$X = \frac{(V - V_0) \times C \times 56.1}{m \times (100 - M)} \times \frac{60}{25} \times 100 \tag{8-1}$$

式中，X 是花生样品的脂肪酶的活性（以干基和 KOH 计）时，mg/g；V 是试验中氢氧化钾消耗量，mL；V_0 是对照组中氢氧化钾的消耗量，mL；C

为滴定所用氢氧化钾的浓度，mol/L；m 是所用花生的质量，g；M 是花生的含水率，%。

花生的色差测定，随机选择每个样品表面的 3 个位置进行测定，记录获得的 L、a 和 b 值，通过式（8-2）计算 ΔE 得如下：

$$\Delta E = \sqrt{(L-L_0)^2 + (a-a_0)^2 + (b-b_0)^2} \qquad (8\text{-}2)$$

式中，L、L_0 分别为干燥前后样品的亮度＋/暗度－值；a、a_0 分别为干燥前后样品的红度＋/绿度－值；b、b_0 分别为干燥前后样品的黄度＋/蓝度－值。

8.2.3　硬度的测定

花生硬度测定参考卢映洁的方法，采用穿刺探头，对花生进行穿刺试验。食品物性分析仪设定为测前探头下降速度为 0.8mm/s，测中探头移动速度 0.5mm/s，测后探头上升速度 0.8mm/s，最低限度感应力 10g。单个样品实验点重复测试 5 次求平均值，检测的峰值表示花生的硬度（g）。

8.2.4　油脂提取及脂肪酸组成分析

将新鲜的花生样品和不同干燥后的花生样品分别保存。提取时将 10g 花生打碎成小颗粒，随用定性滤纸包裹，放置在 500mL 的索氏提取器中，用石油醚提取，提取温度 30～60℃，提取时间 12h，再将得到的提取混合物进行过滤，在旋转蒸发仪中把其中的有机溶剂蒸发掉，得到花生油样品。随后将提取的花生油放在锥形瓶内密封，并在 4℃下的避光保存，且所有品质测试均在提取后的 2h 内完成。

参考 Aljuhaimi 等的方法，略作修改，通过气相色谱-质谱法（GC-MS）测定花生样品的脂肪酸组成。取 10g 花生样品，使用组织粉碎机将其粉碎，准确称取 2.0g 试样，将其移入到 250mL 的平底烧瓶中，加入 100mg 焦性没食子酸，再加入 2mL 95%乙醇混匀。取 60mg 混合物移入到具塞试管中，然后加入 4mL 异辛烷和 0.2mL 2mol/L 氢氧化钾甲醇溶液。混合后，将混合物在 60℃的水浴中静置 20min。待冷却至室温，将溶液涡旋 1min 并充分静置直至混合溶液完全分层。收集上清液并与 1g 硫酸氢钠混合以除去过量的水和氢氧化钾。涡旋 30s 后，收集上清液，通过 0.45μm 有机膜过滤，然后转移到进样瓶中，上机测定。

8.3 结果与分析

8.3.1 不同干燥方式对花生脂肪酶活动度和色差的影响

不同干燥方式对花生脂肪酶活动度的影响。未干燥（Fresh）、热风干燥（热风温度 45℃、AD）、微波-热风耦合干燥（热风温度 45℃、微波强度 1.25W/g、MD-AD）、间歇微波-热风耦合干燥（热风温度为 45℃，微波强度为 1.25W/g、微波间歇比为 1.10、IM-AD）后的花生脂肪酶活动度如图 8-1 所示。

花生的脂肪酶可水解花生的脂肪生成游离脂肪酸，过多的游离脂肪酸会导致花生中的油脂酸败、油脂风味变差、加工损失增加；游离脂肪酸浓度过高，会导致花生的发芽率降低、变质。由图 8-1 可知，经微波-热风耦合干燥的花生脂肪酶活动度最低，但与间歇微波-热风耦合干燥的差异不显著，与未干燥、经热风干燥的花生相比有显著下降。Xu 认为脂肪酶活动度的差异可归因于微波处理引起花生内水分活度的不同，从而抑制脂肪酶活动度。

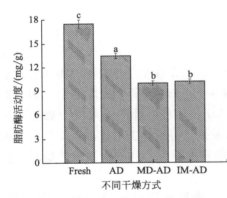

图 8-1 不同处理方式花生的脂肪酶活动度

不同干燥方式对花生颜色的影响。表 8-1 显示了不同处理方式花生的颜色参数，热风干燥、微波-热风耦合干燥和间歇微波-热风耦合干燥均对花生的颜色产生影响。微波-热风耦合干燥和间歇微波-热风耦合干燥的改变较为明显，ΔE 值较大。热风温度为 45℃、微波强度为 1.25W/g、微波间歇比为 1.10 时，花生的 L^*、a^* 和 b^* 值从 79.42、-1.57 和 16.16 显著变化到 55.37、0.41 和 19.18（$P<0.05$）。这表明，与未处理的花生相比，经间歇微波-热风耦合干燥处理的变得更暗、更红、更黄。a^* 和 b^* 值的增加可能是由于干燥过程中发生轻微的美拉德反应，导致较浅的颜色增加。而 L^* 的值降低可能是由于湿热过程中的非酶褐变。

表 8-1 不同处理方式花生的颜色参数

花生	L^*	a^*	b^*	ΔE
未处理	79.42±0.22a	-1.57±0.05a	16.16±0.07a	—

花生	$L*$	$a*$	$b*$	ΔE
热风干燥	64.06±0.14b	−0.26±0.02b	23.43±0.20b	17.05±0.17a
微波-热风耦合干燥	51.75±0.32c	0.65±0.02c	18.43±0.13c	27.85±0.21b
间歇微波-热风耦合干燥	55.37 ±0.15d	0.41±0.04d	19.18±0.05c	24.32±0.07c

8.3.2　不同干燥方式对花生硬度的影响

由图 8-2 可知，不同干燥方式对花生硬度的影响从高到低分别为微波-热风耦合干燥＞间歇微波-热风耦合干燥＞热风干燥。结果表明，可能是由于热风会加速花生的传热和传质速率，并破坏花生的微观结构，而且间歇微波可进一步影响花生中蛋白质、脂肪的结构和分子间作用力，从而导致花生的硬度降低。

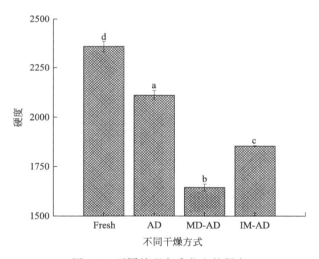

图 8-2　不同处理方式花生的硬度

8.3.3　不同干燥方式对花生脂肪酸组成的影响

不同干燥方式对花生脂肪酸的影响。花生的油脂中的主要脂肪酸是油酸（C18：1-9、44.31%～49.14%）、亚油酸（C18：2-6、30.07%～33.34%）和棕榈酸（C16：0、9.81%～12.68%）。花生油脂中不饱和脂肪酸在脂肪酸组成中占比约 80%。表 8-2 显示了不同处理方式花生的脂肪酸组成，随着微波干燥方式的介入，使得花生在干燥后不饱和脂肪酸含量略有下降，但相对于微波-热风耦合干燥，间歇微波-热风耦合干燥中花生的不饱和脂肪酸改变略低。这可能是由于在干燥过程中，微波场的介入导致花生局部温度略高，导致部分不饱和脂肪酸发生氧化分解，而间歇微波-热风耦合干燥较好地避免局部过热的情况发生，更好地保证花生的品质。

表 8-2　不同处理方式花生的脂肪酸组成

脂肪酸组成/%	未处理	热风干燥	微波-热风耦合干燥	间歇微波-热风耦合干燥
C16:0	9.81±0.17a	11.72±0.22b	12.68±0.19c	10.54±0.14d
C18:0	1.98±0.12a	2.17±0.09b	3.14±0.13c	2.09±0.07a
C18:1-9	49.14±0.68a	44.31±0.61b	45.81±0.71c	46.51±0.41c
C18:2-8	32.71±0.47a	33.34±0.41a	30.07±0.57b	32.18±0.71a
C20:0	2.61±0.11a	2.40±0.17a	3.17±0.16b	3.04±0.14b
C20:1	1.09±0.07a	1.53±0.12b	1.36±0.11c	1.28±0.12c
C22:0	1.42±0.06a	1.61±0.09b	1.72±0.04b	1.51±0.11a
C24:0	1.45±0.05a	2.61±0.21b	1.81±0.11c	1.81±0.12c
饱和脂肪酸	17.27±0.67a	20.51±0.74b	22.52±0.54c	19.09±0.81d
不饱和脂肪酸	82.94±0.68a	79.18±0.51b	77.24±0.41c	79.97±0.47b

8.4　本章小结

①　不同干燥处理方式（未处理、热风干燥、微波-热风耦合干燥、间歇微波-热风耦合干燥）下花生脂肪酶活动度以未处理时最高，为热风干燥次之，两种微波干燥方式均对脂肪酶活动度具有抑制作用，有效降低脂肪酶参与氧化反应。花生颜色在两种微波干燥方式下均变化明显。

②　不同干燥处理方式下花生硬度均与未处理时有显著变化。硬度从大到小为，热风干燥＞间歇微波-热风耦合干燥＞微波-热风耦合干燥，故微波的介入会导致花生结构刚性下降，并与微波持续时间成反比。

③　不同干燥处理方式下花生脂肪酸组成发生改变，由于微波的介入导致花生中的不饱和脂肪酸发生氧化分解，并与微波持续时间成反比，即间歇微波-热风耦合干燥相对于微波-热风耦合干燥对不饱和脂肪酸的改变较小。

第 9 章

微波处理后霉菌致死率的验证

花生由于具有较强的季节性，其安全储藏问题是世界花生产业急需解决的限制性问题之一。在花生的实际仓储过程中，往往由于传统干燥后的花生含水率、温度逐渐上升，进而导致花生开始逐渐霉变，故需改进传统干燥模式。微波干燥过程中由于热效应和非热效应，导致花生中的霉菌得到充分抑制。微波加热杀菌的机理不同于传统的杀菌方式，它没有遵循传统的一级杀菌动力学模型。许多研究表明，Weibull 模型可以更好地描述非热致死的杀菌过程，例如脉冲电场和超高压等，其准确性要优于传统的一级动力学模型。在本章研究中，选择花生霉变常见产生黄曲霉毒素的寄生曲霉作为研究重点，研究微波干燥对花生寄生曲霉的致死作用，以便为地花生储藏提供理论依据。

9.1 材料与设备

9.1.1 样品准备

寄生曲霉，BNCC-144221；
在微波干燥后的花生样品；
马铃薯葡萄糖琼脂培养基（PDA）。

9.1.2 仪器与设备

干燥设备同第 7 章 7.1.2；
蒸汽高压灭菌锅，YXQ-LS-18S 1，上海博讯实业有限公司医疗设备厂；

电热鼓风干燥箱，DHG-9003 型，上海精宏实验设备有限公司；

超净工作台，BBS-V800 型，济南鑫贝西生物技术有限公司；

恒温恒湿箱，HSP-250B 型，上海坤天实验室仪器有限公司；

电子天平，JJ223BC 型，常熟市双杰测试仪器厂。

9.2　微波处理对寄生曲霉热抗性的影响

9.2.1　菌悬液的制备

首先，从低温冰箱的冷冻室取出冻干菌粉管。取出后用 75% 酒精浸泡过的脱脂棉对冻干的菌粉管表面进行消毒，然后对菌粉管表面进行加热（避免加热到菌粉），然后将无菌水滴至菌粉管顶部，使菌粉管开裂，随后撕开菌粉管并小心地打开。用灭菌后的移液管吸取马铃薯葡萄糖琼脂培养基 0.5mL，滴入含菌粉的试管中，将冻干菌粉溶解于悬浮液中，吸取菌悬液 0.2mL，转入马铃薯葡萄糖琼脂培养基中，两次传代培养后使用，其余冷冻储藏备用。

将活化后的寄生曲霉，用 0.9% 的生理盐水稀释，随后在恒温恒湿箱中 25℃ 培养 5d，再添加磷酸盐缓冲液（含 0.05% 的吐温-80），以将菌液中的霉菌孢子洗出，并用定性滤纸过滤菌丝，最后调整菌液浓度为 $1 \times 10^7 CFU/mL$，并在 4℃ 下保藏待用。

9.2.2　接种方法

为保证试验的严谨性与真实性，首先需去除花生样品表面的杂菌，将需进行试验的 100g 花生样品平铺在无菌操作台中，并进行紫外线杀菌 1h。随后将杀菌后的花生样品平均分为 5 组，并将其转移至灭菌后的密封袋中，随后在每组花生样品中添加 1mL 的菌液，将密封袋密封后摇匀，静置 10min，最后使寄生曲霉的霉菌均匀地附着在花生样品的表面，并将其在超净工作台中保存 12h，以期花生达到水分平衡，随后将接种后的花生样品进行干燥试验。

9.2.3　微波干燥试验

根据干燥花生热风干燥、微波-热风耦合干燥和间歇微波-热风耦合干燥的最优工艺参数，干燥 200g 花生，每隔 5min 取样进行培养计数，直至干燥结束。干燥结束后取出花生样品，装进密封袋后 4℃ 冷藏 3min。

干燥花生样品冷却进行微生物计数，参照 GB 4789.15—2016 的方法进行花生样品的霉菌计数。将 25g 干燥后花生样品和 225mL 生理盐水转移至三角烧瓶中并搅拌均匀，制得寄生曲霉霉菌的 10 倍稀释液。后用灭菌后移液管将 0.5mL 的稀释液移入试剂玻璃中，然后将 4.5mL 生理盐水溶液注入试管中并摇动，获得 100 倍的寄生曲霉霉菌的稀释液。重复此稀释过程，此过程中，及时更换移液管，避免试验误差。选择合适的稀释梯度，用马铃薯葡萄糖琼脂培养基将 1mL 霉菌稀释液倒入培养皿表面，并在 25℃ 的恒温培养箱中培养，观察寄生曲霉霉菌的生长至第 5d。选择具有 10～15 个寄生曲霉霉菌菌落的培养皿进行计数。每个稀释度有两个平行测试，取平均值。未经微波处理时的菌落数视作 N_0（CFU/mL），微波干燥后的花生样品地带的菌落数视作 N（CFU/mL），最终用于评价微波干燥对于寄生曲霉霉菌的减少数用（$\lg N - \lg N_0$）表示。

9.2.4 数学模型拟合

用数学模型表示在微波影响下微生物的失活特性对于微波干燥技术十分重要。常用一级动力学模型的 D 值（指数衰减时间，即在一定条件下和一定温度下杀死微生物中 90% 的活菌所花费的时间）与 Z 值（即在加热温度变化时热力致死时间相对应的变化速率的估量）来描述食品中的微生物在热致死过程中的变化过程，是较为普遍的与经典的杀菌数学模型。但许多研究结果表明，其不能准确地对微波杀菌进行预测，微波杀菌过程不遵循传统的动力学模型，其杀菌过程出现拖尾曲线和 S 形曲线，不能准确地描述在微波介入下的杀菌过程。因此，非线性的数学模型开始被用于预测介电加热下的杀菌过程，如 Weibull、Bigelow 和 Slogistic 等。近年来，许多研究开始表明，Weibull 模型能较为准确地拟合微波杀菌的过程，其准确度优于传统一级动力学模型。

故本章对比传统一级动力学模型以及 Weibull 动力学模型，来优化微波干燥过程对花生样品中寄生曲霉的杀灭动力学过程，以期将新的灭菌参数用于指导微波杀菌的实际生产与应用。模型如下：

$$\lg \frac{N}{N_0} = -\frac{T}{D} \tag{9-1}$$

$$\lg \frac{N}{N_0} = -bT^n \tag{9-2}$$

式中，$\lg \dfrac{N}{N_0}$ 为微生物减少的对数周期；T 为加热时间，$\min$；D 为指数递减时间，$\min$；b 为尺度参数；n 为形状参数。

其中，当 $n>1$ 曲线为肩峰，当 $n<1$ 曲线为拖尾峰，当 $n=1$ 曲线为直线。

根据干燥过程中花生接种的寄生曲霉霉菌数量的试验值，利用 Origin 软件确定微波-热风耦合干燥和间歇微波-热风耦合干燥的传统线性模型和 Weibull 模型，获得微波干燥条件下杀菌动力学模型的差异，并通过 R^2 来评价杀菌动力学方程的拟合准确度，R^2 越大，越接近 1，模型方程的拟合度越高。

9.3　结果与分析

9.3.1　不同微波干燥方式对花生中寄生曲霉的影响

由表 9-1 可知，在进行微波干燥花生样品的同时，微波会对花生表面的霉菌具有明显的杀灭效果。在进行微波-热风耦合干燥试验时，干燥时间超过 25min 时，寄生曲霉在花生中难以检测出。可能是由于在微波干燥过程中，由于霉菌细胞中的蛋白质或者遗传物质在电磁场的作用下进行耦合，从而其细胞受到破坏而导致细胞死亡。在进行间歇微波-热风耦合干燥试验时，干燥时间超过 40min 时，花生样品中的寄生曲霉同样基本难以检测到，出现该情况的原因可能是由于间歇微波的干燥过程中具有缓苏期，花生样品表面在干燥过程中温度低于微波-热风耦合干燥的花生样品。两种微波干燥方式干燥完花生样品后，寄生曲霉霉菌均下降 5～6 个对数周期，花生样品表面均基本检测不到寄生曲霉霉菌存在，达到商用标准，可以进行仓库储藏。

表 9-1　不同处理方式花生杀菌模型参数

干燥方式	杀菌时间/min	杀菌数（对数减少量）	模型参数			R^2	
			Weibull 模型		传统线性模型 D	Weibull 模型	传统线性模型
			b	n			
微波-热风耦合干燥	25	5.7	0.7189	0.6469	3.9482	0.986	0.932
间歇微波-热风耦合干燥	40	5.5	0.5589	0.6250	6.3821	0.978	0.896

注：杀菌时间指超过该时间寄生曲霉数量几乎检测不到。

9.3.2　微波杀菌动力学数学模型拟合

采用 Origin 软件，进行微波-热风耦合干燥以及间歇式微波-热空气耦合干燥的线性和 Weibull 模型拟合，在不同的微波干燥方法下的杀菌动力学曲线如图 9-1（a）所示。从上图中可明显看出，Weibull 模型相对于传统的线性模型拟合更准确，并通过表 9-1 可以看出，无论是微波-热风耦合干燥还是间歇微波-热风耦合干燥，Weibull 模型的 R^2 相对于传统线性模型更高，更接近于 1。

　　因而，通过对比两种杀菌模型的拟合度以及 R^2 等标准的分析，在微波干燥过程中杀灭寄生曲霉霉菌的过程中，Weibull 模型比传统的线性模型更加精准。

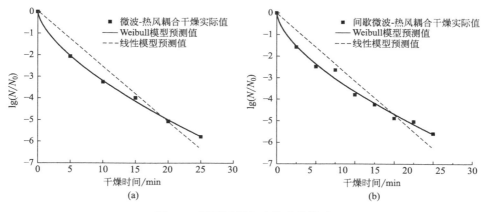

图 9-1　不同干燥方式的杀菌模型

9.3.3　微波杀菌动力学数学模型对工艺的预测

　　通过表征微波干燥时间对寄生曲霉减少直接的关系，而传统线性杀菌的 D 值仅适用于线性模型之中，不能在 Weibull 模型方程中作为灭菌的指示参数，故通过工艺参数 t_d 来预测寄生曲霉下降 d 个对数周期所需要的时间，具体如式（9-3）：

$$t_d = \left(\frac{d}{b}\right)^{1/n} \tag{9-3}$$

　　式中，d 为寄生曲霉霉菌下降的对数周期。

　　当 $d=1$ 时，其意义为杀死 90% 的寄生曲霉所需的微波干燥时间，其意义与传统线性模型中的 D 的意义相似。但由于 D 值与 t_1 是分别基于传统线性模型和 Weibull 模型而建立的，故两者并不相同。并且如果杀菌目的是减少 1 个对数周期的霉菌，通过线性模型预测的杀菌时间相对较长，用于实际工业上，将会出现较大误差。

在本章试验研究中，为达到商用的目的，需要将花生样品中的寄生曲霉霉菌数下降 6 个对数周期，才可以在食品生产中进行使用。传统的线性模型使用 $6D$ 来预测杀灭 6 个对数周期的寄生曲霉所需要的时间，而 Weibull 模型则使用 t_6 而不是 $6t_1$ 来预测杀灭 6 个对数周期的寄生曲霉所需的时间，否则会有很大的预测误差。

表 9-2　不同处理方式花生杀菌工艺预测参数

干燥方式	线性模型		Weibull 模型	
	D	$6D$	t_1	t_6
微波-热风耦合干燥	3.95	23.69	1.67	26.57
间歇微波-热风耦合干燥	6.38	38.29	2.54	44.60

如表 9-2 所示，对比微波-热风耦合干燥与间歇微波-热风耦合干燥的 D 值与 t_1、$6D$ 与 t_6。可以得出，在同一种干燥方式下，D 值大于 t_1，$6D$ 小于 t_6。因此，在花生的微波干燥和杀菌中，由于霉菌死亡呈现为拖尾曲线，传统线性模型计算的杀灭时间比实际值短，而 Weibull 模型的时间相对较长，可以有效地避免由于干燥时间不足，而导致微波杀菌不彻底的现象出现，确保花生样品杀菌的完整性。

9.4　本章小结

① 微波-热风耦合干燥相对于间歇微波-热风耦合干燥的杀菌时间短，但两者均能杀灭 6 个对数周期的寄生曲霉霉菌，保证花生样品的生物安全。

② 与传统的线性模型相比，Weibull 模型可以更准确地反映微波干燥下对花生寄生曲霉的杀菌动力学，模型的预测的准确性更高。

③ 相对于传统的线性模型，Weibull 模型预测的干燥杀菌时间较长，可以保证微波加工花生样品时间，避免加工时间较短，而出现杀菌不彻底的情况，保证了花生的商用安全。

第 10 章

微波-热风耦合干燥对花生储藏
品质的影响

花生作为重要的粮油作物，具有较强的季节性，但由于花生这类农作物在加工与消费的过程中，需要经过漫长的时间等待，故需要在采后进行储藏。花生作为营养丰富的粮油作物，其蛋白质、脂肪等都对人体具有十分重要的意义。所以，评价花生干燥工艺的优劣来说是十分重要的。

微波干燥过程时，虽然花生的霉菌得到了有效的抑制，但微波造成的温度提升，可能对其品质造成了一定的破坏，但短期内观察不到微波干燥对其的影响。因此，研究微波干燥达到储藏含水率后对花生的储藏品质的影响，以期能全面客观地评价微波干燥对花生储藏稳定性的影响，为微波技术在花生领域的应用做理论研究与技术支持。

10.1　材料与设备

10.1.1　样品准备

分别准备热风干燥、间歇微波-热风耦合干燥后干基含水率达 8% 的花生样品 200g 待用。

10.1.2　仪器与设备

储藏所用恒温恒湿箱同第 9 章的 9.1.2。

10.2　加速储藏试验

为客观评价花生储藏期间的品质变化，参考 Taoukis 等的关于营养损失动力学的研究，可知在相对湿度 70％、储藏温度 35℃下加速储藏 17d 相当于在 10℃下储藏 360d。

将新鲜花生种子从冰箱内取出，并采用间歇微波-热风耦合干燥的最佳工艺干至安全储藏含水率后，冷却后取出进行加速储藏试验，将 200g 花生样品放置恒温恒湿箱中进行加速储藏试验 17d，整个过程用热风干燥的花生进行对照。

针对储藏前后花生品质变化对花生的含水率、蛋白质和脂肪含量、种子发芽率等进行测定，测定节点分别在储藏的第 4d、8d、12d、17d 对花生进行品质测定。

10.2.1　储藏期间含水率的测定

花生的含水率测定同第 7 章 7.1.1 的 105℃加热干燥法。

10.2.2　储藏期间蛋白质的测定

花生不仅是粮油的重要作物，而且是植物蛋白质的重要来源，富含 8 种人体必需氨基酸，且其蛋白质的抗营养因子较少。其蛋白质耐受性和回收率高，尤其是赖氨酸。因此可以作为特定人群的蛋白质来源，如乳糖不耐受患者。

花生中的粗蛋白含量的测定方式参考 GB 5009.5—2016 的凯氏定氮法，并利用其中蛋白质转换系数表可知，花生的转换系数为 5.46，最终通过公式计算可得花生中的粗蛋白含量。

10.2.3　储藏期间脂肪的测定

花生的油脂作为评价花生品质的重要指标，对于储藏后的花生的品质也具有十分重要的意义。参考 GB 5009.6—2016 中的索氏抽提法对储藏过程中花生的粗脂肪含量进行测定。

花生油脂的酸值（AV）参考 GB 5009.229—2016 的方法进行测定。取 50mL 95％乙醇溶液和 0.5mL 酚酞溶液于锥形瓶中，用 95℃水浴加热至混合溶液小幅沸腾，用氢氧化钠溶液趁热滴定，当乙醇混合液变为淡红色时停止滴定。后与

10g 花生油脂混合，再将其置于 95℃的水浴中加热至轻微沸腾，用氢氧化钠溶液进行滴定，当混合液滴定为淡红色时，立即停止，记录滴定的氢氧化钠量。

$$A = \frac{V \times C \times 40}{M} \tag{10-1}$$

式中，A 为储藏过程中花生的酸值，mg/g；V 为滴定所耗氢氧化钠体积，mL；C 为滴定所用氢氧化钠的浓度，g/mol；M 为试验所用花生油脂质量，g。

花生油脂的皂化值（SV）参考 GB/T 5534—2008 的方法去测定。取 2g 花生油脂样品于三角烧瓶内，并向其中添加 25mL 氢氧化钠-乙醇混合溶液，并电炉上烧至沸腾 60min，后加入 1mL 酚酞指示剂，用盐酸标准溶液滴定至粉色刚消失为止，记录盐酸消耗体积。

$$S = \frac{(V_0 - V) \times C \times 56.1}{M} \tag{10-2}$$

式中，S 为皂化值，g/100g；V 为试验中花生油脂所耗盐酸标准液体积，mL；V_0 为空白试验所耗标准盐酸液体积，mL；C 为滴定盐酸标准液浓度，mol/L；M 为花生油脂质量，g。

储藏中花生油脂的过氧化值（PV）参考 GB 5009.227—2016 的方法进行测定。取 3g 花生油脂样品于三角烧瓶中，后加 30mL 三氯甲烷-冰乙酸混合液，待花生油脂被充分溶解后，加入 1mL 饱和碘化钾溶液，混匀至样品颜色转至深黄，避光保存 3min。然后将 100mL 水倒入三角烧瓶中，充分混合均匀，用硫代硫酸钠滴定。滴定至混合液颜色变为淡黄色，加入淀粉溶液，混合液颜色转为深蓝色，继续滴定，直至混合液的蓝色消失，并注意硫代硫酸钠消耗量。

$$P = \frac{(V - V_0) \times C}{2 \times M} \tag{10-3}$$

式中，P 为储藏中花生油脂的过氧化值，mmol/kg；V 为试验所耗硫代硫酸钠的体积，mL；V_0 为空白试验所耗硫代硫酸钠的体积，mL；C 为硫代硫酸钠的浓度，mol/L；M 为花生油脂质量，g。

储藏中花生油脂样品碘值（IV）参考 GB/T 5532—2008 进行测定。取 0.2g 花生油脂样品于三角烧瓶中，再添加 20mL 韦氏试剂后混匀后放置在暗室内 60min，后向混合液中加 20mL 碘化钾和 150mL 水，用硫代硫酸钠滴定至黄色接近消失，再添加淀粉溶液继续滴定，至蓝色消失，记录所耗硫代硫酸钠体积。

$$I = \frac{(V_0 - V) \times C \times 12.69}{M} \tag{10-4}$$

式中，I 为储藏中花生油脂的碘值，g/100g；V 为试验中硫代硫酸钠所消耗的体积，mL；V_0 为空白试验中硫代硫酸钠所消耗的体积，mL；C 为硫代硫酸钠的浓度，mol/L；M 为花生油脂质量，g。

10.2.4　储藏期间种子发芽率的测定

　　花生作为种子的功能对于种植来说也是十分重要的。而种子的发芽率作为评价种子作物的重要品质参数，一定程度上也客观反映了其品质。花生种子的发芽率参考郑阿娟的研究方法进行测定，从各试验组中随机抽取待测花生种子样品 36 粒，并将取出的花生种子数量平均分成 3 组，每组 12 粒花生种子。随后将花生种子放置在灭菌后的定性滤纸上，随花生种子一同放置在灭菌后的培养皿中，最终在花生种子样品上再放置两层灭菌后的定性滤纸。随后将准备好的花生种子样品放置在恒温恒湿箱中 25℃发育 7d，且为保证种子再发育过程中有足够的水分，定时向定性滤纸上洒 5mL 左右的去离子水。试验结束后统计花生种子的发芽率，发芽率通过式（10-5）计算。

$$G = \frac{a}{b} \times 100\% \tag{10-5}$$

　　式中，G 为花生的种子发芽率，%；a 为发芽的花生样品数量，粒；b 为该组花生样品总数，粒。

10.3　结果与分析

10.3.1　微波干燥对储藏花生含水率的影响

　　图 10-1 显示采用热风干燥与间歇微波-热风耦合干燥后进行储藏试验，试验中热风干燥花生含水率比采用微波干燥处理相比显著增加（$P < 0.05$）。如图所示，微波干燥处理后花生样品的相比热风干燥的花生样品含水率少增加 0.7%～1.0%。

10.3.2　微波干燥对储藏花生蛋白质的影响

　　图 10-2 表示储藏期间花生样品微波处理与热风干燥蛋白质含量的变化。根据获得的氮含量与蛋白质转换系数表可知，花生的粗蛋白含量通过微波干燥略有增加，但增加并不显著。花生粗蛋白含量的增加可能是由于微波干燥使花生中的束缚水和自由基结合能力增加，进而导致花生粗蛋白含量的增加。但是随着储藏时间的增加，所有花生样品中的粗蛋白含量均下降，并在任何储藏阶段均无显著差异，这可能是由于随着储藏时间的增加花生样品中游离氮含量降低。

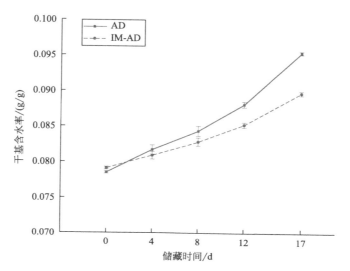

图 10-1 微波处理前后花生储藏期间的水分变化

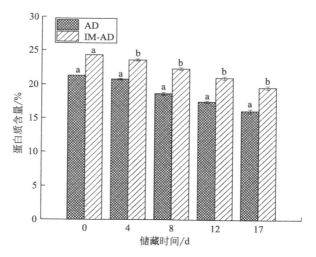

图 10-2 微波处理前后花生储藏期间的蛋白质变化

10.3.3 微波干燥对储藏花生脂肪的影响

图 10-3 表示在微波干燥后，储藏期间花生样品脂肪含量的变化。与热风干燥后的样品相比，微波干燥后花生的脂肪含量略有增加，但无显著差异；在

储存结束时，微波干燥后花生样品的脂肪含量下降了 1.9%，这与热风干燥后的花生样品的脂肪含量明显不同。花生样品中脂肪含量的下降可能是由储存过程中持续的脂解作用和氧化作用造成的。

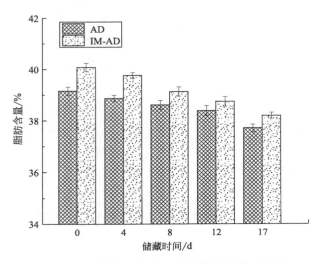

图 10-3　微波处理前后花生储藏期间的脂肪变化

　　如表 10-1，衡量油脂水解酸败程度一般采用酸值，而影响酸值的主要因素是脂肪酶的活性，如果样品中脂肪酶活性高，则酸值上升快。而经间歇微波-热风耦合干燥的花生油的酸值显著低于经热风干燥后花生油，这可能是由于在恒定的干燥温度下的酸化速度，脂肪的酸化速度低于在变化温度下的酸化速度，而微波干燥的加热速率更快，温度变化时间更短，因此样品酸值更低。而花生储藏过程中的油脂酸值变化主要是由于脂肪酶活性不同导致的。

　　过氧化值一般常作为衡量油脂氧化酸败的标志，经间歇微波-热风耦合干燥的花生油过氧化值低于经热风干燥后的花生油脂，这可能归因于花生油脂中的脂肪与油中的溶解氧之间发生反应，脂肪被氧化并分解为过氧化物，醛、酮和其他物质，并且过氧化物的含量增加。但在微波的干预下，前段产生的过氧化物，醛、酮和其他物质在微波处理下产生分解，导致花生油脂的过氧化值降低。

　　皂化值是衡量油的亲水性和流动性的重要指标。而经间歇微波-热风耦合干燥的花生油皂化值显著低于经热风干燥后的花生油，这可能是由于微波干燥导致花生油中低分子量脂肪酸的反应，导致花生油脂的皂化值降低。而经储存某些甘油三酯分解为低分子量脂肪酸，导致花生的皂化值增加。

　　碘值一般是衡量油脂中脂肪酸的不饱和度的指标。经间歇微波-热风耦合干燥的花生油碘值显著低于经热风干燥后的花生油，这可能是由于间歇微波-热风耦合干燥的干燥时间较短，导致花生油脂中不饱和键较少地发生过氧化反应。在不同的干燥方式下，花生油脂的碘值均发生下降，花生样品的碘值分别为81.34g/100g 和 98.11g/100g。然而，两种花生样品的碘值下降没有显著差异。

表 10-1　微波处理对花生在储藏前后氧化指标的影响

评价指标	储藏时间	干燥方式	
		热风干燥	间歇微波-热风耦合干燥
酸值，AV/(mg/g)	0	0.39±0.01	0.27±0.01
	4	1.26±0.01	0.98±0.02
	8	1.99±0.02	1.67±0.04
	12	2.61±0.04	2.34±0.05
	17	3.19±0.14	3.02±0.12
过氧化值，PV/(mmol/kg)	0	6.41±0.03	5.56±0.06
	4	8.94±0.06	7.55±0.03
	8	9.56±0.04	8.74±0.07
	12	9.71±0.05	9.06±0.14
	17	9.88±0.16	9.33±0.12
皂化值，SV/(g/100g)	0	195.47±1.36	176.98±1.42
	4	202.14±1.94	182.88±1.31
	8	210.34±1.19	190.44±1.62
	12	217.92±1.87	193.36±1.68
	17	224.16±1.47	197.17±1.77
碘值，IV/(g/100g)	0	81.34±1.56	98.11±1.66
	4	75.66±1.32	91.49±1.34
	8	70.14±1.02	84.13±1.12
	12	64.93±0.92	79.34±1.03
	17	56.31±0.76	72.21±0.98

10.3.4　微波干燥对储藏花生种子发芽率的影响

由表 10-2 可知，热风干燥后花生种子的发芽率为 94.4%，而微波干燥后花生种子的发芽率显著降低至 74.1%，微波干燥显著降低了花生种子的发芽率，这可能是由于某些关键酶失活引起的。微波干燥的局部高温引起的与花生种子发育相关的一些酶变性，影响种子的活力。随着花生储藏时间的不断推移，热风干燥后花生样品的种子发芽率持续下降并在储藏期后保持在 80% 以上，而微波干燥后花生种子的发芽率也随着储藏时间的延长而降低，但在储藏后花生种子的发芽率仍超过 60%，两种干燥方法在储藏过程中种子发芽率的改变无显著差异。

表 10-2　微波处理前后花生种子发芽率的变化

参数	储藏时间/d				
	0	4	8	12	17
热风干燥	94.4±5.6	90.7±8.5	88.9±5.6	87.0±8.5	85.2±3.2
间歇微波-热风耦合干燥	74.1±8.5	72.2±5.6	70.4±3.2	70.1±8.4	68.5±3.2

10.4　本章小结

储藏处理后来评价花生的生化特性及品质对于评估微波干燥工艺的合理性十分必要且重要。干燥后含水率达到安全储藏含水率 8% 的花生样品经微波干燥（间歇微波-热风耦合干燥）后和未经微波干燥（热风干燥）后样品用于品质分析。本试验研究主要分析微波干燥对花生的含水率、蛋白质含量、脂肪含量、脂肪的酸值、过氧化值、皂化值、碘值、种子发芽率的影响情况。小结如下：

① 微波干燥至安全储藏含水率后，随着加速储藏试验的进行，含水率逐渐上升；蛋白质含量相对下降，但下降不显著，故微波干燥对于花生储藏的含水率、蛋白质变化影响不大。

② 微波干燥至安全储藏含水率后，随着加速储藏试验的进行，花生样品的脂肪含量略微下降，但变化不显著。但花生的氧化和酶水解随着时间的进行均发生，但微波干燥后的氧化程度较轻。因此，微波干燥可以降低花生样品中的氧化反应和酶水解反应的进行，延缓花生储藏期间的酸败。

③ 微波干燥至安全储藏含水率后，与进行热风干燥的花生种子相比，发芽率明显降低；随着储藏时间的增加，微波干燥组和热风干燥组中花生种子的发芽率发生下降，但两种干燥方式经过储藏后，花生种子的发芽率均满足行业相应的需要。

本篇参考文献

［1］邓源喜，张姚瑶，董晓雪，等．花生营养保健价值及在饮料工业中的应用进展［J］．保鲜与加工，2018，18(6)：166-169，174．

［2］ACKERMANN K, SALVE A R, CHAUHAN. S. Peanuts as functional food: a review［J］. JOURNAL OF FOOD SCIENCE AND TECHNOLOGY-MYSORE, 2015, 53(1): 31-41.

［3］王新萍，郭芹，李甜，等．植物中白藜芦醇提取和检测方法研究进展［J］．食品安全质量检测学报，2020，11(21)：7957-7965．

［4］联合国粮食及农业组织．花生产量［EB/OL］．(2019-12-30)［2021.3.9］．http://www.fao.org/faostat/zh/#data/QC．

［5］刘丽，王强，刘红芝．花生干燥贮藏方法的应用及研究现状［J］．农产品加工·创新版，2011(8)：49-52．

［6］张立伟，王辽卫．我国花生产业发展状况、存在问题及政策建议［J］．中国油脂，2020，45(11)：116-122．

［7］孙洁，杨琴，沈瑾，等．河南省花生产后干燥现状及问题［J］．农业工程技术：农产品加工业，2012(10)：41-43．

［8］王海鸥，胡志超，陈守江，等．收获时期及干燥方式对花生品质的影响［J］．农业工程学报，2017，33(22)：292-300．

［9］Alshannaq A, Yu J. Occurrence, Toxicity, and Analysis of Major Mycotoxins in Food［J］. International Journal of Environmental Research and Public Health, 2017, 14(6): 632.

［10］Marchese S, Polo A, Ariano A, et al. Aflatoxin B1 and M1: Biological Properties and Their Involvement in Cancer Development［J］. Toxins, 2018, 10(6): 214.

［11］Lin Y, Zhou Q, Tang D, et al. Signal-On Photoelectrochemical Immunoassay for Aflatoxin B1 Based on Enzymatic Product-Etching MnO2 Nanosheets for Dissociation of Carbon Dots［J］. Analytical Chemistry, 2017, 89(10): 5637-5645.

［12］Basaran P, Basaran-Akgul N, Oksuz L. Elimination of Aspergillus parasiticus from nut surface with low pressure cold plasma (LPCP) treatment［J］. Food Microbiology, 2008, 25(4): 626-632.

［13］Zhang Y, Li M, Liu Y, et al. Reduction of Aflatoxin B1 in Corn by Water-Assisted Microwaves Treatment and Its Effects on Corn Quality［J］. Toxins, 2020, 12(9): 605.

［14］Vearasilp S, Thobunluepop P, Thanapornpoonpong S, et al. Radio Frequency Heating on Lipid Peroxidation, Decreasing Oxidative Stress and Aflatoxin B1 Reduction in Perilla frutescens L. Highland Oil Seed［J］. Agriculture and Agricultural Science Procedia, 2015, 5: 177-183.

［15］Dasan B G, Mutlu M, Boyaci I H. Decontamination of Aspergillus flavus and Aspergillus parasiticus spores on hazelnuts via atmospheric pressure fluidized bed plasma reactor［J］. International Journal of Food Microbiology, 2016, 216: 50-59.

［16］Udomkun P, Wiredu A N, Nagle M, et al. Innovative technologies to manage aflatoxins in foods and feeds and the profitability of application － A review［J］. Food Control, 2017, 76: 127-138.

［17］曾宪国. 农产品和食品干燥技术及设备的现状与发展［J］. 现代食品, 2018(07): 172-174.

［18］熊书剑, 孙卫红. 不同干燥技术对稻谷品质影响的研究综述［J］. 江苏农业科学, 2016, 44(02): 18-22.

［19］Chandrasekaran S, Ramanathan S, Basak T. Microwave food processing-A review［J］. Food Research International, 2013, 52(1): 243-261.

［20］李辉, 袁芳, 林河通, 等. 食品微波真空干燥技术研究进展［J］. 包装与食品机械, 2011, 29(01): 46-50.

［21］Guo Q, Sun D, Cheng J, et al. Microwave processing techniques and their recent applications in the food industry［J］. Trends in Food Science & Technology, 2017, 67: 236-247.

［22］祝圣远, 王国恒. 微波干燥原理及其应用［J］. 工业炉, 2003(03): 42-45.

［23］刘嫣红, 杨宝玲, 毛志怀. 射频技术在农产品和食品加工中的应用［J］. 农业机械学报, 2010, 41(08): 115-120.

［24］Zhang M, Chen H, Mujumdar A S, et al. Recent developments in high-quality drying of vegetables, fruits, and aquatic products［J］. Critical reviews in food science and nutrition, 2017, 57(6): 1239-1255.

［25］陈智斌, 吴树会, 夏列, 等. 微波防治大米中玉米象虫卵的效果研究［J］. 粮食与油脂, 2017, 30(06): 69-71.

［26］Li Z Y, Wang R F, Kudra T. Uniformity Issue in Microwave Drying［J］. Drying technology, 2011, 29(6): 652-660.

［27］Soysal Y. Microwave Drying Characteristics of Parsley［J］. Biosystems Engineering, 2004, 89(2): 167-173.

［28］程丽君, 蔡敬民, 胡勇, 等. 蓝莓微波干燥动力学模型的研究［J］. 保鲜与加工, 2020, 20(5): 78-82.

［29］HORUZ E, MASKAN M. Hot air and microwave drying of pomegranate (Punica granatum L.) arils［J］. Journal of Food Science and Technology, 2015, 52(1): 285-293.

［30］Çelen S, Kahveci K. Microwave drying behaviour of apple slices［J］. Proceedings of the Institution of Mechanical Engineers, Part E: Journal of Process Mechanical Engineering, 2011, 227(4): 264-272.

［31］Santana I, Castelo-brancc V N, Guimarães B M, et al. Hass avocado (Persea americana Mill.) oil enriched in phenolic compounds and tocopherols by expeller-pressing the unpeeled microwave dried fruit［J］. Food Chemistry, 2019, 286: 354-361.

［32］Mahmoul Fodah A E, Ghosal M K, Behera D. Bio-oil and biochar from microwave-assisted catalytic pyrolysis of corn stover using sodium carbonate catalyst［J］. Journal of the Energy Institute, 2021, 94: 242-251.

［33］Poogungploy P, Poomsa-ad N, Wiset L. Control of microwave assisted macadamia drying［J］. The Journal of microwave power and electromagnetic energy, 2018, 52(1): 60-72.

［34］Monton C, Lupasong C, Charoenchai L. Convection combined microwave drying affect quality of volatile oil compositions and quantity of curcuminoids of turmeric raw material［J］. Revista Brasileira de Farmacognosia, 2019, 29(4): 434-440.

[35] Zahoor I, Khan M A. Microwave assisted convective drying of bitter gourd: drying kinetics and effect on ascorbic acid, total phenolics and antioxidant activity [J]. Journal of Food Measurement and Characterization, 2019, 13(3): 2481-2490.

[36] Lv H, Chen X, Liu X, et al. The vacuum-assisted microwave drying of round bamboos: Drying kinetics, color and mechanical property [J]. Materials Letters, 2018, 223: 159-162.

[37] Yildiz G, Izli G. Influence of microwave and microwave-convective drying on the drying kinetics and quality characteristics of pomelo [J]. Journal of food processing and preservation, 2019, 43 (e138126SI).

[38] Aghilinategh N, Rafiee S, Gholikhani A, et al. A comparative study of dried apple using hot air, intermittent and continuous microwave: evaluation of kinetic parameters and physicochemical quality attributes [J]. Food Sci Nutr, 2015, 3(6): 519-526.

[39] Dehghannya J, Bozorghi S, Heshmati M K. Low temperature hot air drying of potato cubes subjected to osmotic dehydration and intermittent microwave: drying kinetics, energy consumption and product quality indexes [J]. Heat and Mass Transfer, 2018, 54(4): 929-954.

[40] Wang H, Zhang M, Mujumdar A S. Comparison of three new drying methods for drying characteristics and quality of shiitake mushroom (Lentinus edodes) [J]. Drying technology, 2014, 32 (15): 1791-1802.

[41] Xu F, Chen Z, Huang M, et al. Effect of intermittent microwave drying on biophysical characteristics of rice [J]. Journal of food process engineering, 2017, 40(e125906).

[42] Kozempel M F, Annous B A, Cook R D, et al. Inactivation of microorganisms with microwaves at reduced temperatures [J]. J Food Prot, 1998, 61(5): 582-585.

[43] Zeinali T, Jamshidi A, Khanzadi S, et al. The effect of short-time microwave exposures on Listeria monocytogenes inoculated onto chicken meat portions [J]. Veterinary research forum, 2015, 6 (2): 173-176.

[44] Umudee I, Chongcheawchamnan M, Kiatweerasakul M, et al. Sterilization of Oil Palm Fresh Fruit Using Microwave Technique [J]. International Journal of Chemical Engineering and Applications, 2013: 111-113.

[45] Kim W, Park S, Kang D. Inactivation of foodborne pathogens influenced by dielectric properties, relevant to sugar contents, in chili sauce by 915 MHz microwaves [J]. Lwt-food science and technology, 2018, 96: 111-118.

[46] Rodrìguez-marval M, Geornaras I, Kendall P A, et al. Microwave Oven Heating for Inactivation of Listeria Monocytogeneson Frankfurters before Consumption [J]. Journal of Food Science, 2009, 74(8): M453-M460.

[47] Taheri S, Brodie G, Gupta D. Microwave fluidised bed drying of red lentil seeds: Drying kinetics and reduction of botrytis grey mold pathogen [J]. Food and bioproducts processing, 2020, 119: 390-401.

[48] Hashemi s M B, Gholamhosseinpour A, Niakousari M. Application of microwave and ohmic heating for pasteurization of cantaloupe juice: microbial inactivation and chemical properties [J]. Journal of the Science of Food and Agriculture, 2019, 99(9): 4276-4286.

［49］Aguilar N, Albanell E, Miñarro B, et al. Influence of Final Baking Technologies in Partially Baked Frozen Gluten-Free Bread Quality [J]. Journal of Food Science, 2015, 80(3): E619-E626.

［50］Das A K, Rajkumar V. Effect of different fat level on microwave cooking properties of goat meat patties [J]. Journal of Food Science and Technology, 2013, 50(6): 1206-1211.

［51］Saniso E, Prachayawarakorn S, Swasdisevi T, et al. Parboiled rice production without steaming by microwave-assisted hot air fluidized bed drying [J]. Food and bioproducts processing, 2020, 120: 8-20.

［52］Yuan J, Wang T, Chen Z, et al. Microwave irradiation: impacts on physicochemical properties of red wine [J]. CYTA: journal of food, 2020, 18(1): 281-290.

［53］Van boekel M A. On the use of the Weibull model to describe thermal inactivation of microbial vegetative cells [J]. Int J Food Microbiol, 2002, 74(1-2): 139-159.

［54］靳志强, 王顺喜, 韩培. 微波杀灭霉变玉米中寄生曲霉动力学模型 [J]. 农业机械学报, 2011, 42(12):148-153＋170.

［55］Lakins D G, Alvarado C Z, Thompson L D, et al. Reduction of Salmonella Enteritidis in shell eggs using directional microwave technology [J]. Poultry science, 2008, 87(5): 985-991.

［56］Fang Y, Hu J, Xiong S, et al. Effect of low-dose microwave radiation on Aspergillus parasiticus [J]. Food Control, 2011, 22(7): 1078-1084.

［57］Kar S, Mujumdar A S, Suatr P P. Aspergillus niger inactivation in microwave rotary drum drying of whole garlic bulbs and effect on quality of dried garlic powder [J]. Drying technology, 2019, 37 (12): 1528-1540.

［58］Sebera V, Nasswettrová A, Nikl K. Finite Element Analysis of Mode Stirrer Impact on Electric Field Uniformity in a Microwave Applicator [J]. Drying technology, 2012, 30(13): 1388-1396.

［59］Izli N, Gunasekaran S. Microwave-Vacuum Drying Characteristics of Carrot (Daucus carota L.) [J]. Philippine agricultural scientist, 2014, 97(1): 43-51.

［60］Manickavasagan A, Alahakoon p M K, Al-busaidi T K, et al. Disinfestation of stored dates using microwave energy [J]. Journal of Stored Products Research, 2013, 55: 1-5.

［61］Feng Y F, Zhang M, Jiang H, et al. Microwave-Assisted Spouted Bed Drying of Lettuce Cubes [J]. Drying technology, 2012, 30(13): 1482-1490.

［62］杨潇. 新鲜花生热风干燥试验研究 [D]. 中国农业机械化科学研究院, 2017.

［63］周四晴, 段续, 任广跃, 等. 厚度控制对怀山药远红外干燥过程中水分迁移的影响 [J]. 食品与机械, 2019, 35(12): 75-81.

［64］陈霖. 基于控温的花生微波干燥工艺 [J]. 农业工程学报, 2011, 27(S2): 267-271.

［65］颜建春, 胡志超, 谢焕雄, 等. 花生荚果薄层干燥特性及模型研究 [J]. 中国农机化学报, 2013, 34(06): 205-210.

［66］王招招, 杨慧, 韩俊豪, 等. 花生果微波－热风耦合干燥实验研究 [J]. 中国粮油学报, 2021, 36(01): 155-164.

［67］王庆惠, 闫圣坤, 李忠新, 等. 核桃深层热风干燥特性研究 [J]. 食品与机械, 2015, 31(06): 60-63.

［68］Szadzinska J, Mierzwa D. Intermittent-microwave and convective drying of parsley [M]//Carcel J A, Clemente G, Garciaperez J V, et al. 2018:1455-1462.

［69］Poogungploy P, Poomsa-ad N, Wiset L. Control of microwave assisted macadamia drying ［J］. The Journal of microwave power and electromagnetic energy, 2018, 52(1): 60-72.

［70］İlter I, Akyl S, Devseren E, et al. Microwave and hot air drying of garlic puree: drying kinetics and quality characteristics ［J］. Heat and Mass Transfer, 2018, 54(7): 2101-2112.

［71］Gupta R K, Sharma A, Kumar P, et al. Effect of blanching on thin layer drying kinetics of aonla (Emblica officinalis) shreds ［J］. Journal of Food Science and Technology, 2014, 51(7): 1294-1301.

［72］GB/T 5523—2008 粮油检验粮食、油料的脂肪酶活动度的测定 ［S］.

［73］Lucas B F, Zambiazi R C, Vieira costa J A. Biocompounds and physical properties of acai pulp dried by different methods ［J］. LWT-FOOD SCIENCE AND TECHNOLOGY, 2018, 98: 335-340.

［74］卢映洁，任广跃，段绥，等. 热风干燥过程中带壳鲜花生水分迁移特性及品质变化 ［J］. 食品科学, 2020, 41(07): 86-92.

［75］Aljuhaimi F, Özcan M M. Influence of oven and microwave roasting on bioproperties, phenolic compounds, fatty acid composition, and mineral contents of nongerminated peanut and germinated peanut kernel and oils ［J］. Journal of Food Processing and Preservation, 2017, 42(2): e13462.

［76］张瑛，吴跃进，高山，等. 脂肪氧化酶、红米种皮在抗米糠酸败中的作用 ［J］. 中国粮油学报, 2009, 24(04): 9-12.

［77］Xu B, Zhou S, Miao W, et al. Study on the stabilization effect of continuous microwave on wheat germ ［J］. Journal of Food Engineering, 2013, 117(1): 1-7.

［78］Ling B, Ouyang S, Wang S. Radio-frequency treatment for stabilization of wheat germ: Storage stability and physicochemical properties ［J］. Innovative food science & emerging technologies, 2019, 52: 158-165.

［79］Lykomitros D, Den Boer L, Hamoen R, et al. A comprehensive look at the effect of processing on peanut (Arachis spp.) texture ［J］. Journal of the science of food and agriculture, 2018, 98(10): 3962-3972.

［80］GB 4789.15—2016 食品安全国家标准　食品微生物学检验　霉菌和酵母计数 ［S］.

［81］杭锋，陈卫，陈帅，等. 食品微波加热杀菌动力学描述模型的选择 ［J］. 农业工程学报, 2008, 24(6): 49-52.

［82］钟葵，吴继红，廖小军，等. 高压脉冲电场对植物乳杆菌的杀菌效果及三种模型的比较分析 ［J］. 农业工程学报, 2006(11): 238-243.

［83］Chéret R, Delbarre-ladrat C, de Lamballerie-anton M, et al. High-Pressure Effects on the Proteolytic Enzymes of Sea Bass (Dicentrarchus labrax L.) Fillets ［J］. Journal of Agricultural and Food Chemistry, 2005, 53(10): 3969-3973.

［84］Benjakul S, Visessanguan W, Thongkaew C, et al. Comparative study on physicochemical changes of muscle proteins from some tropical fish during frozen storage ［J］. Food Research International, 2003, 36(8): 787-795.

［85］姜自德，苏林，刘强，等. 粮食储藏损耗及其应对措施 ［J］. 粮油仓储科技通讯, 2016, 32(03): 6-7.

［86］Taoukis P S, Labuza T P, Saguy I S. Kinetics of food deterioration and shelf-life prediction ［M］// Handbook of Food Engineering Practice, 1997:361-403.

［87］GB 5009.5—2016 食品安全国家标准　食品中蛋白质的测定［S］.

［88］GB 5009.6—2016 食品安全国家标准　食品中脂肪的测定［S］.

［89］GB 5009.229—2016 食品安全国家标准　食品中酸价的测定［S］.

［90］GB/T 5534—2008 动植物油脂　皂化值的测定［S］.

［91］GB 5009.227—2016 食品安全国家标准　食品中过氧化值的测定［S］.

［92］GB/T 5532—2008 动植物油脂　碘值的测定［S］.

［93］郑阿娟．玉米籽粒射频杀菌工艺研究［D］．杨凌：西北农林科技大学，2017.

［94］Runyon J R, Sunilkumar B A, Nilsson L, et al. The effect of heat treatment on the soluble protein content of oats［J］.Journal of Cereal Science, 2015, 65: 119-124.

［95］Zhou Z, Robards K, Helliwell S, et al. Ageing of Stored Rice: Changes in Chemical and Physical Attributes［J］.Journal of Cereal Science, 2002, 35(1): 65-78.

［96］张波．核桃射频热风联合干燥特性及品质变化研究［D］．杨凌：西北农林科技大学，2017.

［97］Da costa A R, D′ antonino faroni L R, de Alencar E R, et al. Quality of corn grain stored in silo bags［J］.Revista ciencia agronomica, 2010, 41(2): 200-207.

第三篇

带壳鲜花生红外-喷动床联合干燥研究

第 11 章

本篇概述

11.1 红外-喷动床联合干燥技术

11.1.1 红外干燥技术

红外辐射一般按波长来区分，如图 11-1 所示。在干燥应用中主要使用远红外辐射来进行干燥，其波长范围为 $25 \sim 1000 \mu m$，在远红外辐射中物料主要以辐射形式获得能量，进而达到被干燥的目的。

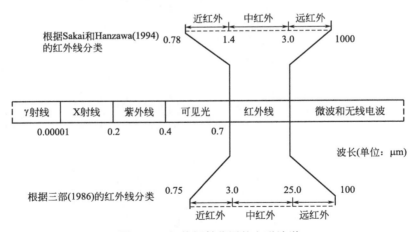

图 11-1　红外辐射范围的电磁波谱

在红外辐射中，由于红外线具有穿透性，使能量先在物料内部集聚，当农产品的原子、分子遇到红外线吸收其能量时，引起粒子的运动加剧，使分子的振动能级产生变化，从而使物料内部升温，物料表面由于水分的蒸发吸热使表面温度降低，形成内高外低的温度梯度。根据热力学第二定律可知，热可以自发地从温度高的物体传递到温度低的物体。在此时物料中，热以物料自身为传导介质进行传质传热，达到对整个物料的加热。如图 11-2 可以看出红外干燥与一般干燥之间的差别。除此之外，农产品中绝大部分物料内部含水率比表皮含水率大，形成与温度梯度一致的湿度梯度。因此，在内高外低的温度梯度和湿度梯度共同作用下，红外辐射干燥可以大大提升物料的干燥速率。

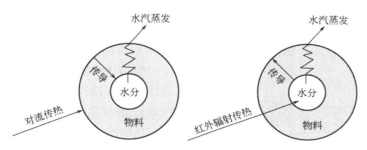

图 11-2　红外辐射干燥与普通干燥机理比较

红外辐射技术在运用中其热损失小，易控制，红外辐射中不存在传热界面，可以很好地提高加热质量，减少不必要的热损失；此外，红外辐射可在不使物料过热的情况下，使其达到较高的温度；热吸收快，节约能源，大部分农产品物料对红外辐射的吸收率较高，此时能量大部分集中在物料的吸收峰带，辐射能会被大部分吸收，实现较好地匹配，达到减耗的效果，如图 11-3 所示。

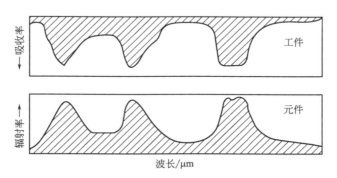

图 11-3　红外辐射、吸收匹配

在干燥过程中，红外辐射加热引起食物材料的变化损失较小，红外线光子能量低，在加热过程中生物组织热分解小，物料化学性质不易改变，从而使得加热后的产品质量高。由于红外线是一种电磁波，因此其辐射可达一定深度，使薄层物料受热均匀。但面对较厚的物料时，其穿透能力就显得不足，致使较厚物料在干燥时造成受热不均，影响产品质量。

11.1.2　喷动床干燥技术

如图 11-4 所示，传统喷动床主体由圆柱和圆锥相结合组成。气体由进气口垂直向上吹入干燥室。此时，气体使喷动床干燥室中的材料开始流动。随着气体流速逐渐增加，物料颗粒穿透颗粒层并在干燥室内形成向上运动的喷泉区。当物料达到一定高度时，此时，由于重力的影响，物料受到的重力大于气流提供的向上升力，物料颗粒下落，并以此来回运动。

喷动床干燥具有明显的临界气流速度，只有达到这个临界值，物料才可以开始喷动。当形成稳定喷动后，操作压降维持不变，喷动过程简单且规律，有利于设备操作和数据分析。在喷动床干燥过程中，物料具有流动性，气体和被干燥物体之间传热传质的表面积增大，温度分布比较均匀，传热性能优良。但同时也存在固体回流、材料磨损等缺陷。

在喷动床干燥中，传热效率高，物料搅拌速度快，与传统静态干燥相比，有效避免了传热不均匀，物料质量差的弊端。干燥室中物料的定性周期运动可以改善被干燥材料的某些性能。喷动床干燥适用范围广，可提高传热传质效率。设备结构简单无需其他辅助部件，占地面积小，设备成本低。

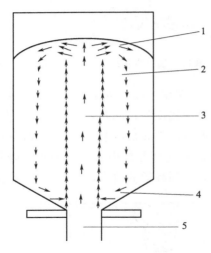

图 11-4　喷动床基本结构与工作原理示意图
1—喷泉区；2—下落区；3—喷射区；
4—底部锥体；5—气体喷嘴

11.1.3　红外-喷动床干燥技术

红外线是电磁波的一种，因此其具有穿透性强、加热快、热传递过程中损失小、易控制等优点，但对于体积较厚的物料，红外辐射加热会造成物料的不均匀加热，影响产品质量。喷动床干燥可以使物料在干燥器内呈现一定有规律的喷泉式运动，增加物料干燥的均匀性，但喷动床干燥中物料的流动阻力较大，因此必须使用高功率风机，动力消耗较大，不利于节约能源。因此，将红外辐射与喷动床干燥联合使用，可有效弥补二者之间的不足，创造出一种新的干燥方式。

红外-喷动床干燥是一种联合干燥技术。喷动床干燥主要靠气流带动干燥器内的物料进行一定规律的抛物线运动，通过这种运动使湿物料与外界环境之间重新建立边界层，促进了物料与热空气之间传质传热的进行，从而改变物料干燥不均匀的现象。红外辐射具有热效应好、节能等优点已被广泛用于粮油、果蔬等农产品的干燥。段续以玫瑰花瓣为研究对象，使用红外-喷动床对其进行干燥研究，得到了玫瑰花瓣在不同出风温度和风速下的干燥特性，为红外-喷动床技术的应用提供了技术参考；Alizehi 采用红外-喷动床干燥胡萝卜，使得胡萝卜具有比普通干燥方法更好的感官特性，热空气和红外辐射的结合产生了协同效应，产生比单独红外干燥或对流更有效的干燥。

11.2　神经网络预测含水率研究现状

干燥过程中含水率是一个较为重要的指标，其含量的变化对干制品最终的品质有较大影响。因此，对干燥过程含水率进行研究具有重要意义。BP 神经网络模型是应用较广泛的一种模型，该模型具有较好的性能和优良的适应性，能够解决一些其他模型不能解决的问题，应用较为广泛。因此，结合 BP 神经网络预测干燥过程中的含水率具有较大的研究意义。

Chai 采用 BP 神经网络建模分析预测木材在高频真空环境干燥过程中含水率的变化。时间、位置、温度和压力被用作建立 BP 神经网络模型输入层。该神经网络的决定系数 R^2 和均方误差 MSE 分别为 0.974 和 0.07355，所建立的模型对数据的接受能力较强。与试验测量数据相比，预测数据的精度误差在 2% 左右。

Li 采用三种不同算法模型，以表层土壤为研究对象，分别建立基于无人机多光谱图像的土壤水分含量的预测模型，分析结果表明，在三种模型中，BP 神经网络预测模型的 $NRMSE$ 为 0.268，R^2 为 0.872。在选取的三种模型中，BP 神经网络模型预测效果较好。

Han 以淀粉为研究对象，基于 BP 神经网络建立淀粉水分及时测量系统。利用网络模型的拟合能力，对淀粉的性质和电阻电容进行了研究。试验结果表明，该系统满足淀粉水分在线测量的要求，对淀粉的生产具有重要的指导意义。

Chen 利用 BP 神经网建立了猪粪堆肥中 N_2O 排放和 N_2 损失的预测模型。

根据已有论文收集了 68 组数据，选取曝气率、水分含量、C/N、过磷酸钙量 4 个指标作为预测指标。分析表明 N_2O 排放和 N_2 损失预测模型的平均误差为分别 1.17 和 24.72。与传统的线性回归相比，BP 神经网络模型在预测粪肥堆肥中 N_2O 排放和 N_2 损失方面具有较好的准确性。

Yu 为简化近红外光谱预测马铃薯叶片水分含量，建立 BP 神经网络预测模型，并对特定波长的提取方法进行探讨。通过试验结果分析，由回归系数所得到的波长所建立的 BP 神经网络模型预测效果最好，预测集决策系数 R^2 为 0.9698，均方根误差 RMSE 是 0.3177。通过 BP 神经网络的建立可以减少近红外光谱数据量 90% 以上，达到了快速、简洁预测马铃薯叶片水分含量的目的。

Qin 以原状黄土样品为研究对象，建立基于遗传算法优化模型的 BP 神经网络。结果表明该 BP 神经网络可以很容易地从土壤理化性质中得到土壤水分特征曲线，其预测精度 $RMSE = 0.1378$。研究结果为获取土壤水分特征曲线提供了更准确的方法。

朱凯阳探究了不同干燥温度、进口风速和助流剂质量对带壳鲜花生干燥时间和干燥速率的影响，并建立了 BP 神经网络模型。结果表明所建立的 BP 神经网络模型，预测值符合实验变化规律，与数学模型相比误差减少了 9.79%，预测结果更准确且迅速，研究人员的工作证明了该模型可以很好地应用于带壳类物料干燥过程中含水率的预测，同时，为其应用提供了数据基础。

张利娟采用真空干燥，选择不同的干燥参数对小麦进行干燥，研究在这些参数下对含水率的影响规律。结果表明，提高真空度和温度、减小小麦的铺料厚度能显著缩短干燥时间。同时，基于 BP 神经网络建立了小麦含水率与真空度、干燥温度、铺料厚度之间的预测模型。验证结果表明所建立的 BP 神经网络模型具有较好的预测性能。

回顾文献，国内外花生干燥主要集中在花生仁的干燥及其品质的研究。针对在干燥过程中花生的水分比变化规律，涉及的大多数研究都是采用一些常用的干燥数学模型来表示水分比变化规律，但数学模型的预测精度针对不同物料结果偏差较大，因此，采用新颖的模型是研究花生干燥过程水分比变化的要求。目前，相关文献中还没有研究带壳鲜花生水分比的变化规律。因此，针对带壳鲜花生物料的特殊性，采用红外-喷动床对其进行干燥，在获得大量试验数据的基础上，建立 BP 神经网络模型，同时评价这一过程中带壳鲜花生的品质变化，为带壳鲜花生的红外-喷动床干燥提供理论基础，为带壳鲜花生干燥过程中水分含量控制和质量监控提供指导。

第 12 章

不同干燥方式对带壳鲜花生
干燥特性及品质的影响

目前应用于花生干燥较常见的干燥方式有热风干燥、红外干燥等，相较于常见的干燥方式，红外-喷动床干燥带壳鲜花生的效果如何，还没有文献对此有过研究。因此，本章主要针对带壳鲜花生在不同干燥方式下干燥后其理化性质、表观品质的变化进行探究，选取热风、红外、红外-热风和红外-喷动床干燥进行对比，探究红外-喷动床干燥对带壳鲜花生理化性质的影响。

研究表明，热风干燥作为一种最常用的干燥方式，已经实现了工业化应用，焦焕然以热风及变温干燥技术，研究其对瓜蒌化学成分的影响，结果表明：较高的温度可以在干燥过程中产生更多的挥发性成分，当温度低于 60℃时，热风干燥可以保留瓜蒌更多的活性成分。红外干燥具有与热风干燥截然不同的干燥特点，由于红外线具有一定的穿透性，可以加快干燥进程，且红外干燥设备成本相对较低，因此红外干燥应用也较为广泛。Ratseewo 等采用红外辐射干燥对有色稻米进行研究，结果发现在该条件下有色稻米样品中总酚、类黄酮和花青素的含量有所增加。然而在热风干燥和红外干燥中，存在一个较大问题就是干燥不均匀。面对干燥不均匀的问题，采用两种或者多种以上的干燥方式结合使用来解决上述问题。红外-热风干燥是在红外和热风的基础上而来的联合干燥方式，在应用中已经变得较为常见。曲文娟采用红外-热风干燥改善干制核桃仁的品质，结果表明红外-热风干燥最佳，可以有效减缓核桃仁油脂的酸价上升，提高干制核桃仁提取物多酚化合物含量。红外-喷动床干燥技术是将红外干燥和喷动床干燥相结合的技术，前文已对该技术和设备进行了较为详细的介绍。

近年来，联合干燥技术在农产品加工领域的应用越来越广，但关于红外-喷动床的研究较少，本章试验以新鲜带壳花生为研究对象，利用扫描电子显微镜和质构仪等设备手段系统研究热风、红外以及红外-热风和红外-喷动床 4 种干燥方式对带壳鲜花生质构、营养成分及能耗的表征，以期为带壳鲜花生收获后的贮藏、加工提供数据参考。

12.1　材料与设备

12.1.1　材料与试剂

新鲜带壳花生：品种为海花 1 号，购于河南省正阳县。采用直接干燥法测得带壳鲜花生的初始干基含水率 1.163g/g。

12.1.2　仪器与设备

12.1.2.1　主要仪器设备

使用的红外-喷动床干燥设备示意图如图 12-1 所示。红外-喷动床干燥机由变频控制离心鼓风机、干燥室和 4 个陶瓷红外加热器，以统一的角度安装在圆筒的中间内壁。然后可以通过红外辐射加热喷泉区域中的样品。干燥室由顶部的圆柱体（直径和高度分别为 550mm 和 1500mm）和底部的圆锥体（直径和高度分别为 550mm 和 450mm）组成。出口温度由 Pt100 温度传感器检测。入口气流速度由风速传感器检测。在干燥过程中，使用空心铝珠（直径为 15mm）作为惰性材料助流剂以增加喷动床干燥器中物料的流动性。

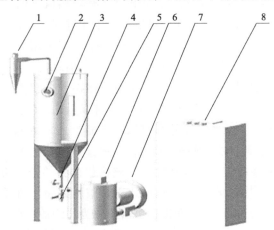

图 12-1　红外喷动床设备示意图

1—旋风分离器；2—观察窗；3—干燥容器；4—温度传感器；5—出料孔；
6—预热罐；7—轴流风机；8—控制系统

　　使用的红外干燥设备由笔者自行设计和组装。红外干燥设备示意图如图 12-2 所示。该设备主要由干燥室、红外加热系统和控制系统组成。红外系统主要由扩展支架、红外辐射板和控制器组成。两块边长为 20cm 的方形氧化铝板分别设置在膨胀支架的两端。上氧化铝板固定在干燥室的顶面上。用紧固螺钉将一块 18cm×18cm 的方形红外辐射陶瓷板安装在扩展支架下板的表面上。红外辐射陶瓷板固定牢固，其与物料间的距离可以通过调节伸缩支架的调节旋钮来改变。将 Pt100 热传感器固定在红外辐射板的表面以测量辐射板表面的温度，进而调控试验中的干燥温度。

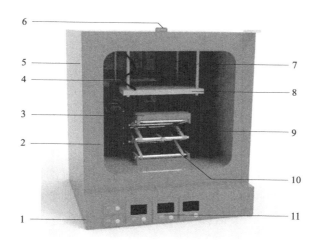

图 12-2　红外干燥设备简图

1—干燥室支架；2—保温层；3—物料托盘；4—电线；5—箱体外壳；6—排气孔；
7—紧固螺栓；8—红外辐射板；9—伸缩支架；10—调节旋钮；11—控制面板

12.1.2.2　其他仪器与设备

　　用到的其他设备与仪器如表 12-1 所示。

表 12-1　其他仪器与设备

仪器名称	型号	生产厂家
电热鼓风机	101	北京科伟永兴仪器有限公司
电子扫描显微镜	TM3030	日本日立高新技术公司
气相色谱-质谱联用仪	TSQ9000	美国赛默飞科技公司
氨基酸全自动分析仪	A300	德国 MP 公司
食品物性分析仪	TA. XT	英国 SMS 公司

12.2 试验方法

12.2.1 热风干燥试验

称量 500g 新鲜的带壳花生，然后将花生平铺于托盘内，将电热鼓风干燥机的风速和温度分别设置为 1m/s，70℃。每 30min 取出快速称量，然后放回，记录数据留用。

12.2.2 红外干燥试验

将 500g 花生均匀地铺在托盘上，然后放入干燥室。干燥温度和辐射距离分别设置为 70℃ 和 100mm。

12.2.3 红外-热风干燥试验

采用实验室自制的红外-热风干燥设备，调整风速。并用网格制作支架，取 500g 花生平铺于网状托盘上，设定风速为 1m/s，温度为 70℃。

12.2.4 红外-喷动床干燥试验

将封存于冰箱中的带壳鲜花生取出，恢复至室温，取 1kg 花生放入红外-喷动床中，同时加入 2kg 辅料，使花生可以获得更好的喷动效果。进口风速由调节变频器设定，试验中设置变频器的频率为 29.5Hz，红外辐射板温度为 70℃。

12.2.5 干燥特性测定

干燥过程中，带壳鲜花生干基含水率、干燥速率由式 (12-1)、式 (12-2) 表示。带壳鲜花生的干基水分含量 $[X/g/g]$ 按式 (12-1) 计算。

$$X = \frac{m_t - m}{m} \tag{12-1}$$

式中，m_t 为 t 时刻带壳鲜花生的质量，g；m 为带壳鲜花生绝干（花生前后两次测量结果差值小于 0.002g）时的质量，g。

干燥过程中的干燥速率［g/（g·h）］按式（12-2）计算。

$$U = \frac{X_t - X_{t+\Delta t}}{\Delta t} \tag{12-2}$$

式中，X_t 为 t 时刻干基水分含量；$X_{t+\Delta t}$ 为 $t + \Delta t$ 时刻干基水分含量。

12.2.6　微观结构观测

使用扫描电子显微镜观察不同干燥条件下花生仁和花生壳的微观结构。用锋利的刀片从干燥的花生仁和壳上切下尺寸为 5mm×5mm×1mm 的小块，用导电胶带固定在铝棒上，立即用金溅射 10nm。设定放大倍数为 200 倍。

12.2.7　硬度测定

参考臧容宇的方法，并做出修改。使用食品物理性质分析仪测量干燥过程中花生仁和花生壳的硬度变化。使用圆柱探针，其直径为 2mm，对单独安装在平台上的单个花生半部进行单轴穿刺测试。测试过程中，将样品水平放置在探头下方，沿样品最宽处从左到右进行 3 次测量，两个测量点之间的距离为 0.5mm。测试一直持续到被检查的样品被破坏并且直到确定最大压缩力值。单个花生半部的质地参数表示为硬度。测试中探头选用仪器自带的探头。测试中分别设置前速度、测试中速度、测试结束后探头收回速度、压缩程度和触发应力分别设置为 0.8mm/s、0.5mm/s、0.8mm/s、40% 和 10g。

12.2.8　孔隙率测定

参考 Zhu 和卢映洁的方法并略做修改。孔隙率采用比重法进行测量，使用比重瓶和正己烷对其测量，测量中，往比重瓶中倾倒正己烷，使其充满瓶身，测其质量 m_1。将花生样品粉碎除杂，取同种规格的比重瓶放入 2g 花生粉样品，同时注入正己烷溶液，使其充满比重瓶，测得此时质量为 m_2。

此条件下，真密度［ρ_s/（g/cm³）］按式（12-3）进行计算

$$\rho_s = \frac{m_s \rho}{m_s + m_1 - m_2} \tag{12-3}$$

式中，m_s 为样品质量，g；ρ 为正己烷密度（室温下），g/cm³；m_1 为充满正己烷的比重瓶质量，g；m_2 为装有样品和正己烷的比重瓶质量，g。

对花生进行体积测量时，采用液体置换法。此时，使用的液体为甲苯而不是水，因为它在较小程度上可以被花生吸收。甲苯的表面张力很低，因此它甚至可以填充花生及其仁的浅槽，其溶解能力也很低，不会对测量物体的孔隙率产生较大的误差影响。此时孔隙率（θ）按式 12-4 进行计算。

$$\theta / \% = \left(1 - \frac{m}{V\rho_s}\right) \times 100 \tag{12-4}$$

式中，m 为样品质量，g：V 为样品体积，cm^3。

12.2.9 花生中脂肪酸测定

参考魏晋梅的方法，并做出修改。通过 Soxtec 萃取法获得的油样用于脂肪酸分析。大约 10~12mg 花生油与 0.2mL 甲醇钠反应，将油转化为相应的脂肪酸甲酯。将油和甲醇钠的混合物加热至 50℃并通过超声处理混合 5min 以完成该酯交换反应。添加 0.5mL 环己烷后回收酯。将该混合物超声处理约 10~15min，然后分离成两相。从上层有机相中取出 10~15μL 样品，并用 1mL 丙酮稀释上机分析。离子源温度为 280℃，烘箱温度在 120℃下编程 1min，然后以 2.5℃/min 的速度升至 240℃并保持 20min。流动相为 He，流速为 1mL/min。在 240℃下注入 1μL 的提取物。

12.2.10 花生中氨基酸测定

参考王梦洋的方法，略作修改。对测定条件进行改进：设置流速为 180μL/min，进样量 20μL，反应温度 70℃。

12.2.11 试验过程中能耗测定

在干燥过程中，红外喷动床干燥机配备了测量电表，用于记录设备工作前后消耗电量的数值，使用电表记录的数值，前后数值相减以获得整个设备在干燥过程中消耗的电能，进而得到设备干燥所消耗的能量。因此，测试中的能量消耗可以通过电力消耗来观察。

12.2.12 数据处理

数据的处理与分析分别使用 Excel 软件和 Origin8.5 软件进行。

12.3　结果与分析

12.3.1　不同干燥方式下的干燥特性

从图 12-3（a）可知，干基含水量随着干燥的进行不断减小。在热风干燥、红外干燥、红外-热风干燥和红外-喷动床干燥的处理下，带壳鲜花生干基水分含量 0.1g/g 以下所需的时间分别为 10h、9h、7h、6h，与热风、红外和红外-热风相比，脱水时间分别缩短了 40%、33% 和 14%。随着干燥方法的改变，干燥曲线逐渐变陡，红外-喷动床干燥曲线倾斜度明显比另外三种干燥方法大，一方面，花生的初始含水量较高，干燥初期水分含量变化比较明显；另一方面，在带壳鲜花生中，花生仁的含水率远大于花生壳的含水率，形成内高外低的含水率梯度，促进水分的迁移。在红外-喷动床干燥中，喷动床系统可以提供气动推力，这种气动推力不仅可以使花生颗粒进行规律运动，促进干燥过程中质量、热量的传递，减少花生干燥的不均匀性。

由图 12-3（b）可知，不同的干燥方式其干燥速率不一样。在干燥开始阶段，热风干燥速率最小，红外-喷动床干燥速率最大，由热风干燥改变为红外-喷动床干燥，不同干燥方法的干燥速率逐渐增大。在 4 种干燥方式中，每一种干燥方式下干燥速率都在减小，说明在其干燥过程中水分的运动其决定性因素是由内部运动，而水分内部运动阻力的大小决定了水分运动的速率，进而影响着干燥时间的长短。在干燥初期，此时带壳鲜花生含水量最大，此时对其进行干燥处理较容易失去水分。在干基含水率 0.3～0.1g/g 时，干燥速率的变化逐渐变缓，随着干燥的进行，物料此时的水分含量较小，同时，经过一定时间的热处理后，物料内外温度差变小，导致水分迁移过程变得缓慢。

此外，所干燥的物料为带壳鲜花生，是由花生壳与花生仁组成，随着干燥时间变长，花生仁与花生壳之间的空隙变大，形成空气隔层，使得花生仁与花生壳的接触面积减少，对花生仁的传质和传热形成阻碍，阻碍水分的散失，不利于干燥的进行。

12.3.2　干燥方式对带壳鲜花生微观结构的影响

为得到带壳鲜花生在干燥过程中花生仁和花生壳的微观结构图片，利用电镜可以聚焦非常细的高能电子束对所选取的样品组织进行扫描，由于花生壳大部分是木质素，不具备导电性，因此利用导电胶对其进行黏附，进而可以观察到清晰的图

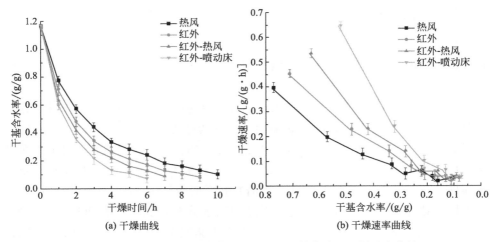

(a) 干燥曲线　　　　　　　(b) 干燥速率曲线

图 12-3　不同干燥方式下带壳鲜花生的干燥曲线和干燥速率曲线

像。从图 12-4（a）可以看出，在干基含水量 1.163～0.6g/g，花生仁细胞结构完整、边界清晰，呈规则排列。此时由于花生仁水分含量还较高，花生仁的细胞并没有被破坏，花生仁外观变化不明显。当干基含水量为 0.4g/g 时，花生仁细胞组成的网格结构发生变形，并出现大小不一的粒状结构；进入干燥后期，此时细胞的网格结构变形严重，粒状结构较为明显。结合图 12-3（a）可知，其细胞的网格结构变化与干基水分含量有重大联系，并且该网格结构的完整与否同时影响着干燥进程的快慢，花生仁的细胞结构随着干燥的进行逐渐发生形变，增加了花生仁中水分扩散的阻力。在干燥进入后期时，红外和红外-热风干燥下的花生仁结构已全部变形，进一步验证了红外干燥是从物料内部到外部，而红外-喷动床干燥下花生仁网状结构还存在，说明红外-喷动床可以克服红外干燥的缺点，提高干燥的均匀性，可以有效地保证干燥后花生的质量。

由图 12-4（b）可知，在干基水分含量为 0.6g/g 时，松散的花生壳结构逐渐收缩变得紧密，使花生仁中的水分变得难以扩散。在干基含水量为 0.2g/g 时，红外-喷动床干燥下花生壳产生肉眼可见的机械损伤，结合图 12-3（a）可以看出，由于在红外-喷动床干燥中，随着干燥的进行，带壳鲜花生的含水量逐渐减少，花生整体的重量减少了，在同一风速下，花生被喷起的高度增加了，因此在花生下坠时将获得更大的冲击，在干燥后期使花生壳产生机械损伤，破坏了花生壳作为密封保护花生仁的作用，不仅提高了带壳花生的干燥速率，还增加了花生壳的孔隙率。在带壳鲜花生的干燥中，花生壳本身对花生仁就有一定的保护作用，对带壳鲜花生进行干燥，花生仁的失水速率显著大于壳

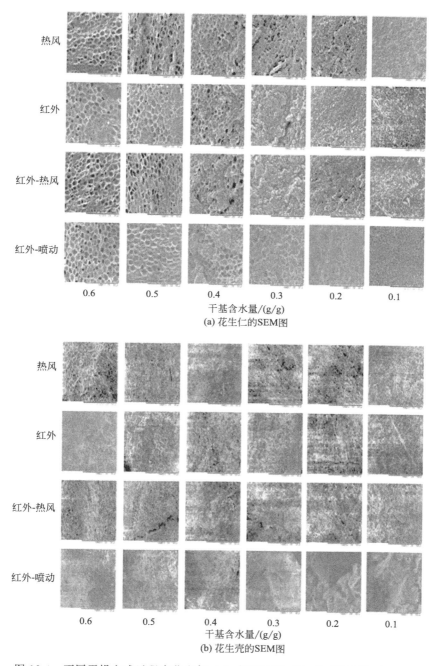

(a) 花生仁的SEM图

(b) 花生壳的SEM图

图 12-4 不同干燥方式过程中花生仁（a）与花生壳（b）的 SEM 图（×200）

的失水速率，造成花生仁的变形速率大于花生壳的变形速率，进而花生仁与花生壳之间便产生了空隙，该空隙充满空气，隔离了花生仁与花生壳，使二者相互接触面积减少，传质传热受到了阻碍，阻止了水分的迁移。然而，在红外-喷动床干燥下花生壳产生的机械损伤恰好可以破坏该空隙的完整性，使得花生仁可认为是直接与外界接触，因此红外-喷动床对带壳鲜花生干燥速率的提升有显著作用。

12.3.3　干燥方式对带壳鲜花生硬度的影响

由图 12-5（a）可以看出，带壳鲜花生在不同干燥方式过程中，花生仁的硬度随着干基水分含量的降低表现出升高-降低-升高的趋势，红外-喷动床干燥处理下其硬度明显大于其他干燥方式处理的花生仁，由图 12-3（b）可知，在干燥开始阶段，红外-喷动床条件下带壳鲜花生的干燥速率最大，失水最快，因此，硬度变化最快。在干燥刚开始阶段，新鲜花生仁中含水量较高，继续干燥，花生仁中水分减少，硬度增大。

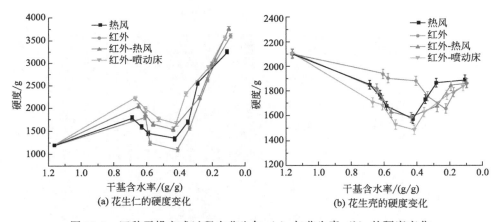

图 12-5　四种干燥方式过程中花生仁（a）与花生壳（b）的硬度变化

在干燥中期，花生仁网格结构发生形变，水分扩散减慢，与此同时花生壳包裹着花生仁，相当于构建了一个密闭的环境，在经过加热处理后，形成一个高温潮湿环境，花生仁开始软化，硬度降低。在硬度降低阶段，单一红外加热方式下花生仁的硬度降低幅度最大，这可能是由红外加热的特点决定的。

由图 12-5（b）分析得到在干燥过程中，花生壳的硬度随着干燥过程的进行先下降后上升。在干燥后期，花生壳由于脱水变得紧密，又使得硬度增加。在干燥初期，红外-喷动床干燥花生壳的硬度下降幅度最大，红外干燥花生壳的硬度下降幅度最小。在干燥后期，花生壳因为含水量减少达到一定限度，其中的组织纤维相互靠得紧密，致使花生壳此时变得紧密，因此其硬度又逐渐增大。在干燥终点时，红外-喷动床花生壳硬度最小，这可能是由于只有在红外-喷动床中，花生处于一个动态的过程，在喷动中，花生壳由高处跌落，壳壁撞击床体，产生孔隙，由图 12-4（b）可以看出此时花生壳产生大量孔隙，使得此时花生壳硬度小于其他干燥方式下的花生壳。

12.3.4　干燥方式对带壳鲜花生孔隙率的影响

由图 12-6（a）可知，对带壳鲜花生进行干燥处理，当达到安全水分含量时，热风干燥处理下花生仁孔隙率为 58.89%，红外干燥下花生仁孔隙率为 60.94%，红外-热风干燥处理下花生仁孔隙率为 61.85%，红外-喷动床干燥处理下花生仁孔隙率为 63.17%。

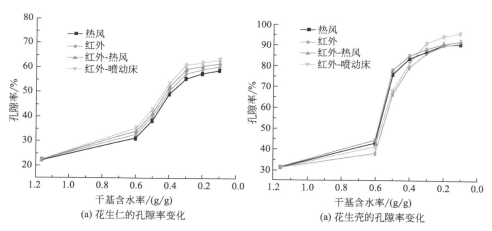

图 12-6　不同干燥方式过程中花生仁（a）与花生壳（b）的孔隙率变化

对几种干燥方式下的孔隙率进行对比，可以明显地看出红外-喷动床干燥后的花生仁孔隙率最大，这可能是由于在热风条件下，物料受到的热是由外到内，并且物料处于一种静态的干燥过程，而在红外-喷动床条件下，由于红外辐射加热的特点物料受到的热是由内到外，且物料处于一种上下翻滚状态，花生壳和花生仁相互撞击摩擦，产生一定的内能，同等时间内花生仁获取的热量不一样使得红外-喷动床干燥下花生仁孔隙率最大。在选定的干燥方式中，花生仁孔隙率变化趋势相一致。热风干燥过程中花生仁的孔隙率变化较缓慢，因为在热风干燥过程中，干燥的初始阶段主要是对花生壳的干燥，热量首先在花生壳表面积聚，然后逐渐进入花生壳内部，接触到花生仁，此时才开始对花生仁进行干燥。在热风干燥中，花生壳和花生仁没有同时进行干燥脱水，两者存在一定的时间差。随着热风干燥的进行，热量开始对花生仁起作用，花生仁进入大量失水阶段，此时孔隙率曲线变陡。在干基含水率 0.3g/g 以后的干燥阶段，孔隙率变化开始变得平缓，表明此时干基含水率对花生仁孔隙率的影响逐渐减弱。

由图 12-6（b）分析知，对带壳鲜花生进行干燥处理，当达到安全水分含量时，热风干燥处理下花生壳孔隙率为 91.15%，红外干燥下花生壳孔隙率为 93.28%，红外-热风干燥处理下花生壳孔隙率为 93.48%，红外-喷动床干燥处理下花生壳孔隙率为 96.29%。在 4 种干燥方式中，红外-喷动床干燥处理后花生壳的孔隙率达到最大。这可能是因为在红外-喷动床中，由于喷动床的特性，使得带壳花生在床体内进行喷泉式的往复运动，在干基含水率达到 0.3g/g 时，带壳鲜花生的花生壳水分含量较开始阶段减少较多，花生壳变得致密，但因为上下翻滚的运动是花生壳下坠时与底面发生碰撞，造成花生壳的机械损伤，增加了花生壳的孔隙率。在干燥后期，热风、红外和红外-热风干燥处理下花生壳孔隙率变化缓慢，此时花生壳中水分含量已经变得较少，花生壳表面变得紧致，进而影响孔隙率的快速增加；红外-喷动床干燥中，花生壳的孔隙率还在增加，结合图 12-4（b）可知，此时孔隙率变化的主要原因是花生壳上产生肉眼可见的孔隙，随着时间的推移，花生壳上孔隙越来越多，致使花生壳孔隙率持续变化。花生壳较高的孔隙率对干燥后带壳鲜花生的短期贮藏起到积极的作用，在水分含量 0.1g/g 以下时，物料含水率的升高对脂肪的氧化具有抑制作用，因为此时物料中几乎不含有水分，各组分之间处于相对平衡状态，当往该状态下的物料中加入水分时，脂肪的氧化作用会受到干扰，水分子与过氧化物结合，妨碍过氧化物的分解，阻止脂肪氧化进程。同时，在该干基含水率下，对非酶褐变也有很好的抑制作用。当带壳花生贮藏时会不可避免地从环境中吸收水分，红外-喷动床干燥下的带壳鲜花生有着较高的孔隙率，花生壳的保护作用减弱，进而在该含水率下短期贮藏的带壳花生有着较高的孔隙率更适合。

12.3.5　干燥方式对带壳鲜花生中脂肪酸的影响

区别花生仁加工和营养品质的重要指标之一就是花生仁中脂肪酸的含量和组成，尤其是其中的不饱和脂肪酸含量。在结果分析中添加新鲜花生的脂肪酸含量指标，作为评价标准分别与经过干燥处理后的花生对比，进而评价花生品质的好坏。由图 12-7 可知，经热风、红外、红外-热风、红外-喷动床干燥处理后，脂肪酸总量衰退率分别为 7.77％、9.27％、4.97％、4.07％，新鲜花生中不饱和脂肪酸的含量占总脂肪酸的比例超过 81％，经干燥处理后花生的饱和脂肪酸（SFA）含量无显著变化（$P>0.05$），不饱和脂肪酸（UFA）含量都有所降低。在干燥过程中，花生仁中的脂肪酸会因为风速、辐射距离等条件的变化而发生不同程度的变化，其中稳定性较差的不饱和脂肪酸（MUFA）和多不饱和脂肪酸（PUFA）更易发生这些反应。

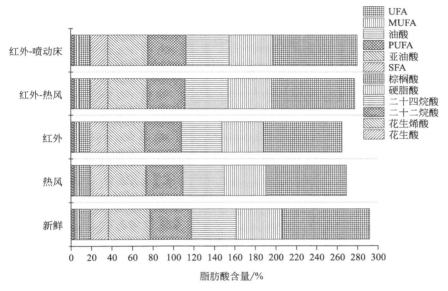

图 12-7　四种干燥方式过程中带壳鲜花生的脂肪酸变化

由图 12-7 可知，4 种干燥方式处理后得到的花生仁中主要脂肪酸的相对含量从高到低分别是油酸、亚油酸、棕榈酸、硬脂酸、二十二烷酸等。从不饱和脂肪酸所占面积来看，干燥处理下花生仁 MUFA 和 PUFA 与新鲜花生仁相比，含量都有所降低（$P<0.05$），其中多不饱和脂肪酸含量下降较明显。将不同干燥方式干燥下的花生仁对比，对于不饱和脂肪酸的保留量来说，经红外-喷动床干燥处理的花生仁的含量较高，红外干燥处理花生仁的含量较低。这可能是因为单一的红外干燥存在排湿较慢的问题，由于红外干燥依据红外线的辐射作用，热传递从内到外，这就使得物料内部水分迁移作用更为显著，但由于有花生壳的包裹，此时花生壳相当于隔绝层阻止了水分往外部的迁移而大部分留在壳内，在干基含水率 0.3g/g 以下时，此时花生中的脂肪氧化速率增加，其原因是此时留在花生壳中的水分增加了花生仁中氧的溶解度，促进脂肪的氧化；而红外-喷动床干燥在干基含水率 0.3g/g 时，此时花生壳的孔隙率最

大，促进水分的迁移，有效避免了排湿较慢的问题，因此红外喷动床干燥下对脂肪酸的破坏最小，不饱和脂肪酸的保留量最高。

为进一步对比经过干燥后花生仁营养价值的保留量，研究发现 PUFA：SFA 比值可以很好地表示这一结果，该比值对油脂营养价值的评价具有重要意义。2019 年，我国医学名词审定委员会认为该值不得小于 1。从图 12-8 可以看出，所有参与评价的花生的这一比值都比推荐值大，但干燥处理后的花生，该比值显著小于新鲜花生（$P < 0.05$），因为在干燥过程中不可避免地会使 PUFA 降低，这在一定程度上降低了花生油的营养价值。而红外-喷动床中花生仁的 PUFA：SFA 值显著高于其他干燥方式下的花生仁（$P < 0.05$），说明在四种干燥方式中，红外-喷动床干燥的花生仁油脂的营养价值相对较好。

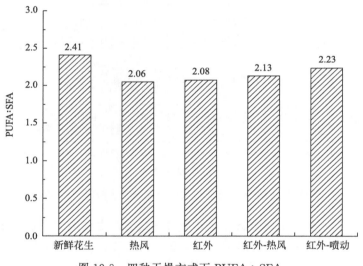

图 12-8　四种干燥方式下 PUFA：SFA

12.3.6　干燥方式对带壳鲜花生中氨基酸的影响

由图 12-9 可以看出，花生仁中含有较多的谷氨酸、精氨酸、亮氨酸、天冬氨酸、苯丙氨酸、甘氨酸。对于未经干燥处理的花生来说，经热风、红外、红外-热风、红外-喷动床干燥处理后，氨基酸总量的衰退率分别为 9.53％、9.06％、5.83％和 3.83％。干燥后花生的赖氨酸、谷氨酸、组氨酸、酪氨酸、亮氨酸、缬氨酸、丙氨酸含量明显低于新鲜花生（$P < 0.05$）可能的原因是在

干燥过程中，温度等环境因素发生改变，由于氨基酸的氨基易被氧化，发生了氧化反应或者美拉德反应而造成氨基酸的一定损失。经干燥处理的花生仁的氨基酸总量之间也都存在显著差异（$P<0.05$）其中红外-喷动床花生氨基酸总量最高，红外花生和热风花生较低，且其差异不显著。由于红外加热属于电磁波应用中的一种，有文献研究表明其除了热效应以外，还存在着对生物细胞的非热效应。红外-喷动床联合干燥的干燥时间最短，且干燥温度较为均匀，可有效避免局部过热的情况，故其蛋白和氨基酸受干燥条件的影响较小，氨基酸组成和含量更接近新鲜花生。

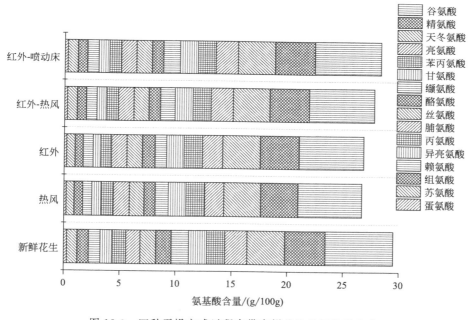

图 12-9　四种干燥方式过程中带壳鲜花生的氨基酸变化

12.3.7　干燥方式对能耗的影响

随着社会的发展，能源缺乏问题愈发严重，因此，如何消耗更少的能源来达到预期的干燥效果是干燥发展的方向之一。干燥是能源最密集的工业操作之一，大约 7%～15% 的工业能源分配给该过程。因此，综合评价不同干燥技术的效果时，应考虑能耗。

四种干燥方式能源的消耗量以消耗的电量来表示。热风干燥使用普通电热鼓风干燥箱，红外干燥、红外-热风干燥和红外-喷动床干燥采用实验室自制的设备。每种设备均与电表相连，分别记录试验开始前后电表的读数，待试验结束后计算其差值，用来代替每种设备干燥过程中消耗的能源，结果如图 12-10 所示。由图可得在不同的干燥方式下，能耗相差较大，耗能最大的是单一热风干燥，耗能最小的是红外-喷动床干燥。对比四种方式下的耗电量，使用红外-喷动床干燥带壳鲜花生相比于热风干燥、红外干燥和红外-热风干燥带壳鲜花生能耗减少 54.57%、37.71%、22.68%。说明红外-喷动床相比于其他干燥方式可以有效减少能耗。

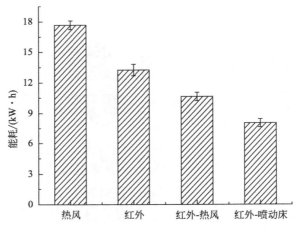

图 12-10 四种干燥方式干燥带壳鲜花生的能耗

12.4 本章小结

本章研究了不同干燥方式对带壳鲜花生干燥特性以及理化性质的影响，带壳鲜花生在经过 4 种干燥方式处理的过程中，随着干燥方法的改变，干燥速率也发生改变，其中红外-喷动床干燥的干燥速率最大。通过微观结构观察，干燥处理使花生壳和花生仁的结构变形，且孔隙率增加，并最终趋于稳定，但红外-喷动床干燥处理在到达干燥终点时花生壳孔隙率仍然在增加，这可能与红外-喷动床干燥处理中使花生壳产生机械损伤有关，花生壳孔隙率的增加有助于带壳花生贮藏期间抑制脂肪酸氧化反应的发生。通过穿刺试验可知，花生仁的硬度先增后减再增，说明花生仁在干燥过程中的湿热变化不同于外环境；花生壳硬度先降低后升高。通过理化分析，发现在 4 种干燥方式下，花生仁中氨基酸和脂肪酸含量明显下降（$P < 0.05$），热风和红外干燥的花生仁氨基酸含

量并无显著差异（$P>0.05$），红外-热风和红外-喷动床干燥的花生仁脂肪酸含量无显著差异（$P>0.05$）。对比 4 种干燥方式下能耗，红外-喷动床干燥可以大幅度减少能源消耗，节约资源，更符合现代工业的要求。综合对比 4 种干燥方式，可以得到红外-喷动床干燥技术适用于带壳鲜花生的干燥，为后续试验准备提供了数据支持。

第 13 章

带壳鲜花生红外-喷动床
干燥特性及品质表征

在花生的脱水干制中，晒干是花生最常用的脱水方法。但这种干燥方式受天气因素限制，产品质量低，不符合当前消费者对高品质脱水产品的需求。热风干燥和热泵干燥也是工业花生生产中常见的脱水方法。然而，这些方法干燥效率相对较低，并且消耗大量的时间和能源。为解决上述问题，越来越多的学者提出采用组合干燥法。红外-喷动床干燥是一种基于远红外干燥和喷动床干燥的组合干燥技术。远红外辐射具有热效应好、节能等优点。喷动床系统可以在食品颗粒干燥过程中提供气动搅拌。Li 使用红外-喷动床干燥山药，干燥条件对山药的整体性质和储存稳定性有很大影响。红外-喷动床干燥富含益生菌山药的最优工艺是干燥温度为 40℃，风速为 22m/s。Manshadi 研究了红外-喷动床干燥对亚麻籽的影响，特别是对用不同方法提取时亚麻籽油的质量特性的影响。

此外，还有许多花生干燥方法，如微波、真空和真空冷冻干燥方法。虽然上述方法已应用于花生干燥，但关于这些干燥方法对带壳鲜花生品质影响的数据很少。红外和红外喷动床都作为获得高质量干制品的潜在方法进行了研究，但没有关于这两种干燥方法对整个花生果实质量影响的综合比较的报道。尤其是红外-喷动床，干燥过程对花生品质的影响是不确定的，干燥过程中的红外辐射作用是否有助于提高花生品质应深入研究。

本章进一步评价花生整粒在红外-喷动床脱水中的规律性，研究整粒花生红外-喷动床的干燥效率和品质特性，以期为后续的工业化生产提供有价值的参考。

13.1　材料与设备

13.1.1　材料与试剂

材料：新鲜带壳花生，品种为海花 1 号，购于河南正阳县，试验开始前，将购买的花生清除泥沙，清洗干净并放置于网筛中沥水 30min，挑选出颗粒不完整，外壳有破损的花生，剩余花生放置于冰箱冷藏室备用。

试剂：试验中用到的氯化钠、盐酸、石油醚、甲醇钠、硫酸等试剂均为分析纯，国药集团生产。

13.1.2　仪器与设备

本章用到的设备主要为红外-喷动床，如第 12 章 12.1.2 仪器与设备所示。

13.2　试验方法

13.2.1　带壳鲜花生干燥

将设备打开预加热到设定温度，干燥试验操作同第 12 章 12.2.4 红外-喷动床试验。试验开始前，确定单因素试验因素设置，结果如表 13-1 所示。

表 13-1　带壳鲜花生红外-喷动床干燥单因素试验方案

试验分组	试验序号	固定条件	试验条件
第 1 组	1	助流剂质量 1kg,进口风速 16m/s	55℃
	2		60℃
	3		65℃
	4	干燥温度 65℃,助流剂质量 1kg	70℃
第 2 组	1	进口风速 16m/s,干燥温度 65℃	16m/s
	2		17m/s
	3		18m/s
	4		19m/s

试验分组	试验序号	固定条件	试验条件
第 3 组	1		1kg
	2		1.5kg
	3		2kg
	4		2.5kg

13.2.2　干燥动力学曲线

干燥过程中，带壳鲜花生干基含水率、干燥速率计算同第 12 章 12.2.5 干燥特性测定。

红外-喷动床干燥过程中含水率用水分比（MR，moisture ratio）表示，带壳鲜花生中不同时间 t 水分比按式（13-1）计算

$$MR = \frac{M_t - M_e}{M_0 - M_e} \tag{13-1}$$

式中，M_t 表示任意干燥时刻带壳鲜花生的干基含水率，（g/g）；M_e 表示平衡时带壳鲜花生干基含水率，（g/g）；M_0 表示初始时带壳鲜花生干基含水率，（g/g）。由于带壳鲜花生的平衡含水率 M_e 远远小于 M_t 和 M_0，所以式（13-1）可简化为式（13-2）。

$$MR = \frac{M_t}{M_0} \tag{13-2}$$

13.2.3　色泽的测定

通过比色计测量干燥的花生样品颜色。选择新鲜花生作为对照样品。所有试验均进行了 3 次。色差由式（13-3）计算：

$$\Delta E = \sqrt{(L - L_0)^2 + (a - a_0)^2 + (b - b_0)^2} \tag{13-3}$$

式中，L 为明暗指数；a 为红绿值；b 为黄蓝值；ΔE 表示色差值；L_0、a_0、b_0 为新鲜花生色度值。

13.2.4　酸价（acid price，ADV）的测定

参照 GB 5009.229—2016《食品中酸价的测定冷溶剂自动电位滴定法》，

称取一定处理后的样品，加入适量的石油醚，并用磁力搅拌器充分搅拌 30～60min，使样品充分分散于石油醚中，然后在常温下静置浸提 12 以上。再用滤纸过滤，收集并合并滤液于烧瓶内，置于水浴温度不高于 45℃ 的旋转蒸发仪内，将其中的石油醚彻底旋转蒸干，取残留的液体油脂作为试样进行酸价测定。

13.2.5　过氧化值（peroxide value，POV）的测定

参照 GB 5009.227—2016《食品中过氧化值的测定滴定法》，称取制备的试样 2～3g 置于 250mL 碘量瓶中，加入 30mL 三氯甲烷-冰乙酸混合液，轻轻振摇使试样完全溶解。加入 1.00mL 饱和碘化钾溶液，振摇 0.5min，避光放置 3min。取出加 100mL 水，摇匀后立即用硫代硫酸钠标准溶液滴定析出的碘，滴定至淡黄色时，加 1mL 淀粉指示剂，继续滴定并强烈振摇至溶液蓝色消失为终点。同时进行空白试验，空白试验所消耗 0.01mol/L 硫代硫酸钠溶液体积不得超过 0.1mL。

13.2.6　能耗测定

同第 12 章 12.2.11 试验过程中能耗测定。

13.2.7　数据处理

采用 Origin 8.5 软件进行统计分析和作图。

13.3　结果与分析

13.3.1　温度对带壳鲜花生红外-喷动床干燥特性的影响

在进口风速为 16m/s，助流剂质量为 1kg 的条件下，观察不同温度 55℃、60℃、65℃ 和 70℃ 下带壳鲜花生红外-喷动床的干燥特性。图 13-1（a）、（b）分别是带壳鲜花生在不同温度下红外-喷动床对其进行干燥处理的水分比曲线和干燥速率曲线。由图 13-1（a）可知，带壳鲜花生水分比随着干燥的进行呈现降低的趋势，并且温度越高，干燥时间越短，水分比降低越快。由图 13-1（b）可知，带壳鲜花生干燥速率随着温度的升高而增大。在进口风速为 16m/

s，助流剂质量为1kg，55～70℃范围内，初始干燥速率在0.22～0.39g/（g·h）。温度55℃、60℃、65℃和70℃下，带壳鲜花生的平均干燥速率依次增大，分别为0.06g/（g·h）、0.07g/（g·h）、0.09g/（g·h）和0.13g/（g·h）。在带壳鲜花生的红外-喷动床干燥过程中，干燥速率在逐渐减小，说明在其干燥过程中，水分扩散受内部扩散控制。

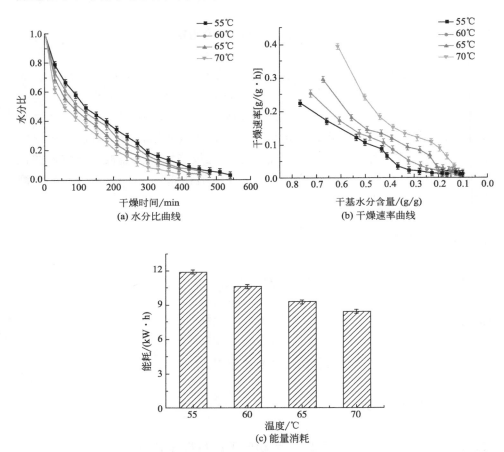

图13-1　不同温度下带壳鲜花生干燥特性曲线和能量消耗

在温度55℃、60℃、65℃和70℃的条件下，带壳鲜花生达到安全水分的时间分别为540min、480min、450min和390min。通过图13-1（a）、（c）分析可得，60℃、65℃、70℃与55℃相比，所需要的干燥时间分别缩短了11.11％、16.67％和27.78％，能耗分别降低10.93％、22.14％和29.48％。综合干燥时间和干燥能耗，选取正交试验温度60℃、65℃和70℃。

13.3.2　进口风速对带壳鲜花生红外-喷动床干燥特性的影响

在干燥温度 65℃，助流剂质量 1kg 的条件下，观察不同进口风速 16m/s、17m/s、18m/s 和 19m/s 下带壳鲜花生红外-喷动床的干燥特性。图 13-2（a）、（b）分别是带壳鲜花生在不同进口风速下红外-喷动床对其进行干燥处理的水分比曲线和干燥速率曲线。

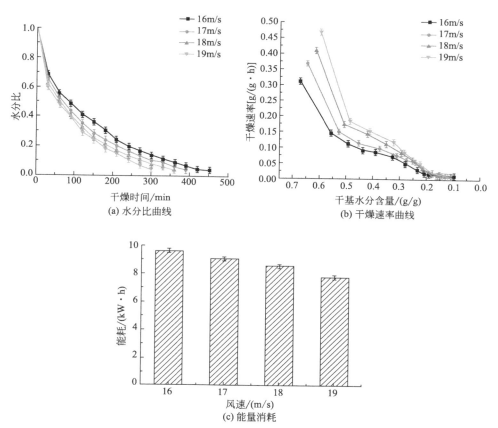

图 13-2　不同进口风速下带壳鲜花生干燥特性曲线和能量消耗

由图 13-2（a）可知，带壳鲜花生水分比随着干燥的进行逐渐降低，并且进口风速越高，干燥时间越短，水分比降低越快。由图 13-2（b）可知，干燥速率随进口风速的增大而增大，在干燥温度 65℃，助流剂质量 1kg，进口风速为 16～19m/s 范围内，初始干燥速率在 0.31～0.47g/（g·h）。进口风速 16m/s、17m/s、18m/s 和 19m/s 下，带壳鲜花生的平均干燥速率依次增大，分别为 0.07g/（g·h）、0.09g/（g·h）、0.10g/（g·h）和 0.13g/（g·h）。

在进口风速 16m/s、17m/s、18m/s 和 19m/s 的条件下，带壳鲜花生达到安全水分的时间分别为 450min、390min、360min 和 300min。通过图 13-2（a）、（c）分析可得，17m/s、18m/s、19m/s 与 16m/s 相比，所需要的干燥时间分别缩短了13.33%、20.00%和33.33%，能耗分别降低 5.41%、10.81%和18.92%。综合干燥时间和干燥能耗，选取正交试验进口风速 17m/s、18m/s 和 19m/s。

13.3.3 助流剂质量对带壳鲜花生红外-喷动床干燥特性的影响

在干燥温度 65℃，进口风速 16m/s 的条件下，观察不同助流剂质量 1kg、1.5kg、2kg 和 2.5kg 对带壳鲜花生红外-喷动床干燥特性的影响。图 13-3（a）、（b）分别是带壳鲜花生在不同助流剂质量下的水分比曲线和干燥速率曲线。由图13-3（a）可知，带壳鲜花生水分比随着干燥的进行逐渐降低，但水分比的降低趋势相对不同温度和不同风速条件下较缓慢，由此助流剂质量对带壳鲜花生干燥影响程度较小。由图 13-3（b）可知，带壳鲜花生干燥速率在助流剂质量不同情况下呈现出不一样的结果。干燥初期物料处于涌动状态，因此在助流剂质量 1kg 时，花生颗粒接触热源的面积较大，此时干燥速率明显高于其他三种助流剂质量。随着干燥的进行，花生处于喷动状态，此时干燥速率随助流剂质量的增大而增大。

在干燥温度 65℃，进口风速 16m/s，助流剂质量为 1～2.5kg 范围内，初始干燥速率在 0.20～0.33g/（g·h），助流剂质量 1kg、1.5kg、2kg 和 2.5kg下，平均干燥速率均为 0.08g/（g·h）。助流剂质量 1kg、1.5kg、2kg 和2.5kg 的条件下，带壳鲜花生达到安全水分的时间分别为 450min、450min、420min 和 420min。通过图 13-3（a）、（c）分析可得，2kg、2.5kg 与 1kg 相比，所需要的干燥时间缩短了 6.67%，能耗分别减小 7.50%和 5.00%。由于在助流剂质量 1kg 和 1.5kg 下二者各项指标相差不大，因此，综合干燥时间和干燥能耗，选取正交试验助流剂质量 1.5kg、2kg 和 2.5kg。

13.3.4 带壳鲜花生红外喷动床干燥工艺正交试验分析

根据单因素实验结果分析确定正交试验因素水平，选取适当水平，即红外喷动床干燥温度 60℃、65℃和 70℃；进口风速 17m/s、18m/s 和 19m/s；助流剂质量 1.5kg、2kg 和 2.5kg。以干燥时间、色差、酸价、过氧化值和能耗为评价指标，采用 L₉(3⁴) 正交试验，正交试验因素水平如表 13-2 所示。

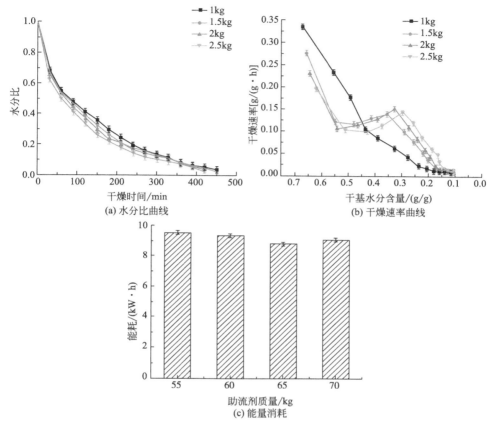

图 13-3　不同助流剂质量下带壳鲜花生干燥特性曲线和能量消耗

表 13-2　带壳鲜花生红外-喷动床干燥正交试验因素水平表

水平	因素		
	干燥温度 A/℃	进口风速 B/(m/s)	助流剂质量 C/kg
1	60	17	1.5
2	65	18	2
3	70	19	2.5

表 13-3　带壳鲜花生红外喷动床正交试验结果

序号	A 干燥温度/℃	B 进口风速/(m/s)	C 助流剂质量/kg	干燥时间/min	色差, ΔE	ADV/(mg/g)	POV/(g/100g)	能耗/(kW·h)
1	1	1	1	510	14.36	0.36	0.015	9.34
2	1	2	2	450	14.62	0.38	0.017	8.03
3	1	3	3	470	15.13	0.41	0.021	8.46

续表

序号	A 干燥温度/℃	B 进口风速/(m/s)	C 助流剂质量/kg	干燥时间/min	色差,ΔE	ADV/(mg/g)	POV/(g/100g)	能耗/(kW·h)
4	2	1	3	420	15.04	0.39	0.018	7.58
5	2	2	1	420	15.56	0.43	0.021	7.63
6	2	3	2	360	16.12	0.46	0.022	6.96
7	3	1	2	420	15.66	0.45	0.02	7.66
8	3	2	3	360	15.92	0.49	0.023	7.06
9	3	3	1	300	16.63	0.52	0.025	7.13

　　由表 13-3 正交试验结果与表 13-4 中的极差分析可知,红外喷动床干燥带壳鲜花生过程中,红外喷动床设备控制各个因素对带壳鲜花生干燥时间的影响主次为:干燥温度 > 进口风速 > 助流剂质量。在使用红外喷动床干燥带壳鲜花生时,对于干燥时间和能耗来说,在正交试验中,干燥温度和进口风速是主要的影响因素;在色差、酸价和过氧化值中,不同的条件对其影响各不相同,对于干燥后鲜花生的过氧化值来说,温度的影响和风速一致。在进口风速的影响下,色差、酸价和过氧化值变化不大,但对数据进行分析可得,风速增高有利于减少干燥时间和能耗,在影响品质相差不大的情况下,有利于节约时间和能耗,提高效率。对于助流剂质量来说,在干燥中,其主要的作用是前期在物料含水量较大时增加物料的流动性,当达到一定含水量时,助流剂的作用将会减小。综合分析极差结果,可得在带壳鲜花生红外喷动床的干燥中,较优水平为 $A3B3C2$,即在干燥温度 70℃ 下,进口风速设置为 19m/s,助流剂质量为 2kg。此时红外喷动床干燥带壳鲜花生的时间相对较短和消耗的能源最小,色差、酸价和过氧化值变化相对较小。

表 13-4　带壳鲜花生红外喷动床干燥极差分析

品质参数	水平	因素		
		A 干燥温度/℃	B 进口风速/(m/s)	C 助流剂质量/kg
干燥时间/min	K_1	476.67	450	390
	K_2	400	410	410
	K_3	360	376.67	436.67
	R_1	116.67	73.33	46.67
	因子主次	$A>B>C$		

续表

品质参数	水平	因素		
		A 干燥温度/℃	B 进口风速/(m/s)	C 助流剂质量/kg
色差,ΔE	K_1	14.70	15.02	15.52
	K_2	15.57	15.37	15.47
	K_3	16.07	15.96	15.36
	R_2	1.37	0.94	0.16
	因子主次	$A > B > C$		
ADV/(mg/g)	K_1	0.38	0.4	0.44
	K_2	0.43	0.43	0.43
	K_3	0.49	0.46	0.43
	R_3	0.11	0.06	0.01
	因子主次	$A > B > C$		
POV /(g/100g)	K_1	0.018	0.018	0.020
	K_2	0.020	0.020	0.020
	K_3	0.023	0.023	0.021
	R_4	0.005	0.005	0.001
	因子主次	$A = B > C$		
能耗/(kW·h)	K_1	8.61	8.19	7.81
	K_2	7.39	7.57	7.56
	K_3	7.28	7.52	7.92
	R_5	1.33	0.67	0.36
	因子主次	$A > B > C$		

① 如表 13-4 方差分析可知，干燥温度、进口风速和助流剂质量因素对带壳鲜花生的干燥时间影响的主次顺序为干燥温度 $A >$ 进口风速 $B >$ 助流剂质量 C，其中随着干燥温度的升高，干燥时间减少较显，每升高 5℃，干燥时间大约减少 18%，且随着温度的升高，干燥时间减少的趋势变缓，由此可得，在较高温度下，影响干燥时间的主要因素将不再是温度，转而换成其他影响因素。进口风速对干燥时间也具有一定程度的影响，在同一温度下，风速越高，带壳鲜花生喷涌得越高，花生粒接触到辐射板照射面积越大，因此也更容易脱水，减少干燥时间。但在不同温度下，进口风速的影响不大，此时干燥温度仍是主要因素。由于干燥时间是越小越好，对于干燥时间最优红外喷动床干燥工

艺为 $A3B3C1$，即干燥温度为 70℃，进口风速为 19m/s，助流剂质量为1.5kg。正交试验组合下干燥时间的平均值为 412.22min。

② 如表 13-4 方差分析可知，干燥温度、进口风速和助流剂质量因素对带壳鲜花生的总色差影响的主次顺序为干燥温度 A ＞进口风速 B ＞助流剂质量 C，其中干燥温度和进口风速对色差值有影响。当干燥温度升高，总色差值也随着升高，这是由于颜色改变主要是因为美拉德反应的产生，在引起美拉德反应的条件中，温度、含水率都是比较重要的因素，随着带壳鲜花生干燥的进行，含水率越来越低，此时温度的改变造成了美拉德反应的发生，进而花生的色泽发生改变。但由于花生壳的保护，花生仁没有直接受到辐射加热元的照射，因此花生总色差值的升高不大。由于总色差值是越小越好，对于总色差值最优红外-喷动床干燥工艺为 $A1B1C3$，即干燥温度为 60℃，进口风速为17m/s，助流剂质量为 2.5kg。正交试验组合下总色差值的平均值为 15.45。

③ 如表 13-4 方差分析可知，干燥温度、进口风速和助流剂质量因素对带壳鲜花生的酸价影响的主次顺序为干燥温度 A ＞进口风速 B ＞助流剂质量 C，其中干燥温度是主要因素。酸价的大小反映了脂肪中游离脂肪酸含量的多少，在食用油中，酸价越低，稳定性越高，产品的保存期越久。在干燥初期，由于含水量较大，此时较高的温度可以加速花生中脂肪的水解，造成花生酸价的升高。进口风速和助流剂质量对酸价的影响不明显，二者对酸价的作用不如干燥温度直接。由于酸价是越小越好，对于酸价最优红外喷动床干燥工艺为$A1B1C2$，即干燥温度为 60℃，进口风速为 17m/s，助流剂质量为 2kg。正交试验组合下酸价的平均值为 0.43mg/g。

④ 如表 13-4 方差分析可知，干燥温度、进口风速和助流剂质量因素对带壳鲜花生的过氧化值影响的主次顺序为干燥温度 A ＝进口风速 B ＞助流剂质量 C，其中干燥温度和进口风速对带壳鲜花生的过氧化值影响一致。POV 值表示了所测定油脂或食品原料等被氧化的程度。在带壳鲜花生的红外喷动床干燥中，由于花生是带壳进行干燥的，因此，花生仁可以近似看成是处于一个密闭的空间中进行的干燥，因此被氧化的部分较少。助流剂在增加流动性的同时，在一定程度上可以起到缓冲作用，减少了带壳鲜花生由于喷涌下坠而积累的势能。由于过氧化值是越小越好，对于过氧化值最优红外喷动床干燥工艺为$A1B1C1$，即干燥温度为 60℃，进口风速为 17m/s，助流剂质量为 1.5kg。正交试验组合下酸价的平均值为 0.02mg/g。

⑤ 如表 13-4 方差分析可知，干燥温度、进口风速和助流剂质量因素对带壳鲜花生红外喷动床干燥的能耗影响的主次顺序为干燥温度 A ＞进口风速 B ＞助流剂质量 C，其中干燥温度是主要影响因素，随着干燥温度的升高，干燥过

程时间变短，能耗进而减少。但对于温度较高时，能耗减少变小，这可能是由于升高温度的同时，设备的产热增加，增加了能量的消耗。由于能耗是越小越好，对于能耗最优红外-喷动床干燥工艺为 $A3B3C2$，即干燥温度为 70℃，进口风速为 19m/s，助流剂质量为 2kg。正交试验组合下能耗的平均值为 7.76kW·h。

13.3.5　干燥模型的选择

通过对带壳鲜花生红外-喷动床干燥特性及品质评价的分析可知，干燥温度是影响带壳鲜花生干燥特性及品质的最主要因素，其次是进口风速，最后是助流剂质量。试验通过红外-喷动床对带壳鲜花生进行干燥，并对不同干燥条件下的水分比数据进行记录整理。选取几种常用的经验、半经验干燥数学模型，如表 13-5 所示，在不同温度、不同进口风速和不同助流剂质量下红外-喷动床干燥带壳鲜花生水分比数据进行拟合，求解出模型参数，并确定最适合带壳鲜花生红外-喷动床干燥过程中含水率预测的数学模型。

表 13-5　不同干燥模型的干燥系数及模型参数

模型名称	R^2	X^2	模型参数
Page 方程：$M_R = \exp(-kt^n)$			
55℃,16m/s,1kg	0.9897	0.0074	$k=0.37175, n=0.9193$
60℃,16m/s,1kg	0.9836	0.0106	$k=0.44881, n=0.85565$
65℃,16m/s,1kg	0.9817	0.0096	$k=0.54579, n=0.79044$
70℃,16m/s,1kg	0.9711	0.0109	$k=0.67491, n=0.72702$
65℃,16m/s,1kg	0.9841	0.0083	$k=0.55096, n=0.78685$
65℃,17m/s,1kg	0.9911	0.0036	$k=0.64177, n=0.75701$
65℃,18m/s,1kg	0.9887	0.0039	$k=0.70928, n=0.74505$
65℃,19m/s,1kg	0.9795	0.0055	$k=0.75604, n=0.74931$
65℃,16m/s,1kg	0.9842	0.0081	$k=0.54919, n=0.78511$
65℃,16m/s,1.5kg	0.9887	0.0056	$k=0.58778, n=0.77033$
65℃,16m/s,2kg	0.9911	0.0038	$k=0.62603, n=0.74904$
65℃,16m/s,2.5kg	0.9931	0.0027	$k=0.69308, n=0.72567$
修正的 Page 方程Ⅰ：$M_R = \exp[-(kt)^n]$			
55℃,16m/s,1kg	0.9897	0.0074	$k=0.3408, n=0.9197$
60℃,16m/s,1kg	0.9836	0.0106	$k=0.39204, n=0.856$

续表

模型名称	R^2	X^2	模型参数
修正的 Page 方程 I：$M_R = \exp[-(kt)^n]$			
65℃,16m/s,1kg	0.9817	0.0096	$k=0.4648, n=0.79068$
70℃,16m/s,1kg	0.9711	0.0109	$k=0.58224, n=0.72718$
65℃,16m/s,1kg	0.9841	0.0083	$k=0.46877, n=0.78708$
65℃,17m/s,1kg	0.9911	0.0036	$k=0.55659, n=0.75711$
65℃,18m/s,1kg	0.9887	0.0039	$k=0.6306, n=0.74514$
65℃,19m/s,1kg	0.9795	0.0055	$k=0.68849, n=0.74939$
65℃,16m/s,1kg	0.9842	0.0081	$k=0.46607, n=0.78534$
65℃,16m/s,1.5kg	0.9887	0.0056	$k=0.50162, n=0.77049$
65℃,16m/s,2kg	0.9911	0.0038	$k=0.53509, n=0.74915$
65℃,16m/s,2.5kg	0.9931	0.0027	$k=0.60336, n=0.72574$
Newton 模型：$M_R = \exp(-kt)$			
55℃,16m/s,1kg	0.9866	0.0104	$k=0.3360$
60℃,16m/s,1kg	0.9704	0.0014	$k=0.3785$
65℃,16m/s,1kg	0.9467	0.0299	$k=0.43683$
70℃,16m/s,1kg	0.8974	0.042	$k=0.52892$
65℃,16m/s,1kg	0.9472	0.0295	$k=0.43997$
65℃,17m/s,1kg	0.9357	0.0278	$k=0.75711$
65℃,18m/s,1kg	0.9249	0.0281	$k=0.5801$
65℃,19m/s,1kg	0.9166	0.0254	$k=0.63711$
65℃,16m/s,1kg	0.9466	0.0297	$k=0.43741$
65℃,16m/s,1.5kg	0.9435	0.0299	$k=0.46678$
65℃,16m/s,2.5kg	0.9183	0.0348	$k=0.54843$
Midilli 方程：$M_R = a\exp[-k(t^n)] + bt$			
55℃,16m/s,1kg	0.9973	0.0017	$a=0.9217, k=0.2998, n=0.91202, b=-0.00978$
60℃,16m/s,1kg	0.9957	0.0024	$a=0.84845, k=0.2945, n=0.9694, b=-0.00742$
65℃,16m/s,1kg	0.9973	0.0012	$a=0.79041, k=0.3122, n=0.9935, b=-0.00595$
70℃,16m/s,1kg	0.9958	0.0012	$a=0.70369, k=0.3063, n=1.0686, b=-0.00603$
65℃,16m/s,1kg	0.9982	8.07E-04	$a=0.81108, k=0.3419, n=0.9366, b=-0.00685$
65℃,17m/s,1kg	0.9988	3.82E-04	$a=0.89336, k=0.51697, n=0.7647, b=-0.0091$
65℃,18m/s,1kg	0.9998	4.97E-05	$a=0.78846, k=0.4521, n=0.92179, b=-0.0054$

续表

模型名称	R^2	X^2	模型参数
Midilli 方程：$M_R = a\exp[-k(t^n)] + bt$			
65℃,19m/s,1kg	0.9981	3.92E-04	$a=0.79025, k=0.4743, n=0.8510, b=-0.01591$
65℃,16m/s,1kg	0.9984	8.80E-04	$a=0.79627, k=0.3226, n=0.98315, b=-0.0052$
65℃,16m/s,1.5kg	0.9987	5.53E-04	$a=0.8058, k=0.37036, n=0.9533, b=-0.00355$
65℃,16m/s,2kg	0.9982	6.35E-04	$a=0.8104, k=0.41005, n=0.93301, b=-0.0022$
65℃,16m/s,2.5kg	0.9988	3.97E-04	$a=0.7927, k=0.452, n=0.9358, b=-5.4648E-4$
Weibull 分布函数：$M_R = \exp[-(t/q)^w]$			
55℃,16m/s,1kg	0.9898	0.0074	$q=2.9343, w=0.9196$
60℃,16m/s,1kg	0.9836	0.0106	$q=2.5506, w=0.85596$
65℃,16m/s,1kg	0.9817	0.0096	$q=2.15129, w=0.79064$
70℃,16m/s,1kg	0.9711	0.0109	$q=1.71736, w=0.72713$
65℃,16m/s,1kg	0.9841	0.0083	$q=2.13308, w=0.78704$
65℃,17m/s,1kg	0.9911	0.0036	$q=1.79655, w=0.7571$
65℃,18m/s,1kg	0.9887	0.0039	$q=1.58569, w=0.74512$
65℃,19m/s,1kg	0.9795	0.0055	$q=1.45235, w=0.74936$
65℃,16m/s,1kg	0.9842	0.0081	$q=2.14544, w=0.7853$
65℃,16m/s,1.5kg	0.9887	0.0056	$q=1.99338, w=0.77045$
65℃,16m/s,2kg	0.9911	0.0038	$q=1.86875, w=0.74913$
65℃,16m/s,2.5kg	0.9931	0.0027	$q=1.65731, w=0.72572$
对数模型：$M_R = a\exp(-kt) + c$			
55℃,16m/s,1kg	0.9974	0.0017	$a=0.97067, k=0.2472, c=-0.0832$
60℃,16m/s,1kg	0.9205	0.0479	$a=-517.011, k=-1.686E-4, c=517.66287$
65℃,16m/s,1kg	0.9976	0.0012	$a=0.84762, k=0.2885, c=-0.06239$
70℃,16m/s,1kg	0.9964	0.0012	$a=0.79819, k=0.30099, c=-0.07984$
65℃,16m/s,1kg	0.9982	8.44E-04	$a=0.84104, k=0.2964, c=-0.05439$
65℃,17m/s,1kg	0.9978	7.98E-04	$a=0.79941, k=0.38064, c=-0.01578$
65℃,18m/s,1kg	0.9997	1.04E-04	$a=0.78293, k=0.40185, c=-0.02513$
65℃,19m/s,1kg	0.9979	4.96E-04	$a=0.81056, k=0.37804, c=-0.07543$
65℃,16m/s,1kg	0.9982	8.68E-04	$a=0.83883, k=0.2978, c=-0.05078$
65℃,16m/s,1.5kg	0.9986	5.95E-04	$a=0.811, k=0.3392, c=-0.02347$

续表

模型名称	R^2	X^2	模型参数
对数模型：$M_R = a\exp(-kt) + c$			
65℃,16m/s,2kg	0.9983	6.85E-04	$a=0.78962, k=0.37653, c=-0.00433$
65℃,16m/s,2.5kg	0.9988	4.25E-04	$a=0.76034, k=0.42235, c=0.00767$
扩散模型：$M_R = a\exp(-kt) + (1-a)\exp(-kbt)$			
55℃,16m/s,1kg	0.9845	0.0104	$a=5.86418E11, k=0.33679, b=1$
60℃,16m/s,1kg	0.9659	0.0206	$a=1.57681E12, k=0.37813, b=1$
65℃,16m/s,1kg	0.9378	0.03	$a=3.96186E10, k=0.43221, b=1$
70℃,16m/s,1kg	0.8769	0.042	$a=1, k=0.52892, b=1$
65℃,16m/s,1kg	0.9384	0.0295	$a=1, k=0.43997, b=1$
65℃,17m/s,1kg	0.9228	0.0278	$a=1, k=0.51701, b=1$
65℃,18m/s,1kg	0.9082	0.0281	$a=-416702.02914, k=0.58, b=1$
65℃,19m/s,1kg	0.8928	0.0254	$a=1, k=0.63711, b=1$
65℃,16m/s,1kg	0.9376	0.0025	$a=4.53392E12, k=0.45715, b=1$
65℃,16m/s,1.5kg	0.9347	0.0025	$a=6.71742E12, k=0.46643, b=1$
65℃,16m/s,2kg	0.9199	0.0314	$a=1, k=0.49473, b=1$
65℃,16m/s,2.5kg	0.9183	0.0348	$a=1, k=0.54843, b=1$

通过计算对比表 13-5 中 7 种数学模型的 R^2、X^2 可以看出，扩散模型与 Newton 模型的模型评价指标平均值 R^2 分别为 0.9282 和 0.9388，因此，这两种模型不适合带壳鲜花生红外-喷动床干燥样品中水分比的变化规律；Midilli 模型和对数模型对试验数据的拟合较高，它们模型评价指标的平均值分别为 $R^2=0.9979$，$X^2=0.0008$ 和 $R^2=0.9916$，$X^2=0.0047$。Midilli 模型 R^2 略大于对数模型，并且 Midilli 模型中 X^2 比对数模型中 X^2 更小。因此，选用 Midilli 模型作为最优数学模型进行对比。

13.4　本章小结

结果表明，在不同的红外-喷动床干燥条件下，温度和进口风速对带壳鲜花生干燥速率影响较大，助流剂质量对其影响呈现非线性关系，这种结果的产生可能是由于助流剂质量改表了带壳鲜花生的受热面积造成的；干燥温度是影响带壳鲜花生干燥时间、色差、酸价和能耗的主要因素，干燥温度和进口风速是影响带壳鲜花生过氧化值的主要因素；在红外喷动床干燥带壳鲜花生中，针对不同的指标，其最优工艺也不一样，但综合考虑下，带壳鲜花生最优干燥工艺为干燥温度为 70℃，进口风速为 19m/s，助流剂质量为 2kg；对 7 种经典的经验、半经验数学模型进行试验数据拟合，结果表明，Midilli 模型的拟合度最高，可以很好地预测带壳鲜花生在红外-喷动床干燥过程中含水率的变化情况。本章为红外-喷动床干燥带壳鲜花生过程中含水率的模型预测提供了数据基础，对接下来的建模工作提供了帮助，同时，该研究为红外-喷动床干燥带壳鲜花生提供了参考和数据支持。

第 14 章

基于 BP 神经网络带壳鲜花生
红外-喷动床干燥含水率预测

在干燥过程中，物料含水率是较为重要的参数，该值可以为物料在干燥过程中质量监控提供依据。干燥过程中物料的含水率变化具有明显的非线性和随时间不定时改变的特点，当物料经过不同程度的干燥处理后，此时若仅采用单一模型进行拟合，必然存在预测精度的局限性。近年来，BP 神经网络因其独特的学习模仿能力在食品领域的应用越来越广泛。

BP 人工神经网络具有自我学习和适应的能力，可以通过预先提供的一批相互对应的输入输出数据，分析两者的内在关系和规律，最终通过这些规律形成一个复杂的非线性系统函数。人工神经网络包括：输入层、隐含层和输出层，每一层都由几个神经元组成。BP 神经网络是人工神经网络的一种，是一种误差逆向传播算法的多层前馈网络。BP 神经网络是目前应用最广泛的神经网络模型之一。Akbar A 采用人工神经网络对姜黄油产量进行优化和预测，优化和预测结果较好；Wang 采用 BP 神经网络对风速预测进行建模，结果表明，该方法提高了预报精度和计算效率；李凯旋采用 GA-BP 神经网络对蒜香调味粉的制备条件进行优化，试验证明该方法优化下的条件符合实际生产工艺需要；未志胜将 BP 神经网络技术与遗传算法相结合，进一步优化 BP 神经网络在定向研制有关美拉德风味肽产品中的应用，得到预测结果可以作为该产品的最佳制备条件。姜鹏飞以大西洋鲭鱼为原料，研究不同烘烤条件下，大西洋鲭鱼水分含量的变化情况，结果表明 BP 人工神经网络方法能够准确地对大西洋鲭鱼在烘烤过程中的水分含量进行建模。王玉环采用 BP 人工神经网络模型准确预测了油炸外裹糊鱼块的水分含量。但目前 BP 神经网络在带壳鲜花生红外-喷动床干燥中水分变化预测的研究在国内外还未见报道。

本章尝试利用 BP 神经网络预测带壳鲜花生干燥过程中含水率变化，并对其进行性能评价。本章在第 12 章带壳鲜花生红外喷动床干燥特性单因素试验及正交试验的基础上，通过试验探讨带壳鲜花生在干燥过程中含水率与干燥温度、进口风速、助流剂质量之间的复杂关系，使用 MATLAB 2018a 软件工具建立 BP 神经网络带壳鲜花生含水率预测模型，为带壳鲜花生红外-喷动床干燥中含水率的精准预测提供进一步的理论依据和技术支持。

14.1　神经网络概述

14.1.1　BP 神经网络概述

BP 神经网络是一种特殊的多层前向网络模型。该模型由激活函数、总单元和连接权重组成。通过调整权重的正负值来激活或抑制神经元的输入信号；加法单元计算输入信号和权重，最后将输出传递给激活函数。激活函数，也称为传递函数。一般来说，常用的传递函数有三种：线性传递函数、对数 S 形传递函数和双曲正切 S 形传递函数。训练特征主要包括训练最速下降函数、脉冲反向梯度下降函数和 Levenberg-Marquardt（L-M）训练函数。L-M 算法训练功能可以避免常规训练中出现的网络瘫痪现象。经过一定程度训练的 BP 神经网络可以在网络中实现快速的收敛。外界信息由输入层输入，经过隐含层处理，再传到输出层，得到输出值，经过反复学习与训练，输出预期的输出值。

14.1.2　BP 神经网络设计

本书采用 L-M 算法作为训练函数。综上所述得出建立带壳鲜花生水分比的 BP 神经网络模型流程图，如图 14-1 所示。通过干燥试验得到原始数据，将原始数进行处理后分为测试样本和训练样本输入，对所建立的模型进行测试。

14.1.3　数据采集

拟合度 R^2 和均方误差 MSE 计算式如式（14-1）、式（14-2）所示：

$$R^2 = \frac{\sum_{i=1}^{n}(\overline{y_i}-y_i)^2}{\sum_{i=1}^{n}\overline{y_i}^2 \sum_{i=1}^{n}y_i^2} \tag{14-1}$$

$$MSE = \frac{1}{n}\sum_{i=1}^{n}(\overline{y_i}-y_i)^2 \tag{14-2}$$

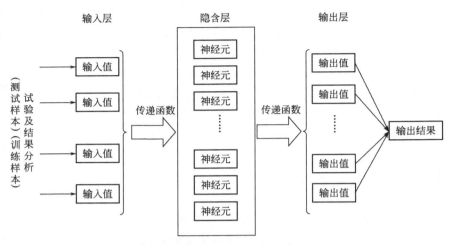

图 14-1　BP 神经网络设计流程图

式中，$\overline{y_i}$ 为样本的仿真值；y_i 为样本的实测值。一般来说，R^2 值越大，$RMSE$ 值越小，表示所建立的模型拟合效果越好。

该网络模型的建立是由第 13 章带壳鲜花生红外-喷动床干燥特性及品质表征中获取的全部数据经学习训练得到的，将所有数据的 80% 作为模型输入数据，剩下的 20% 作为网络模型的测试数据。

14.1.4　数据归一化处理

在选取的数据中，为了减小各个输入数据的不同而造成最终输出结果差别较大，按式（14-3）对原始数据进行归一化处理。归一化处理使其值均在 [0，1] 范围内，网络模型水分比输出值也在 [0，1] 内。

$$P = \frac{P_1 - P_{min}}{P_{max} - P_{min}} \tag{14-3}$$

式中，P 为输入数据；P_1 为原始数据；P_{min} 为最小值；P_{max} 为最大值。

14.1.5　输入层输出层的节点数选择

在带壳鲜花生红外-喷动床干燥试验中，带壳鲜花生的实时含水率受到干燥温度、进口风速、助流剂质量、干燥时间的影响，因此确定输入层节点数为 4。在神经网络中，输出层是根据预测结果确定的，本书中预测结果只有含水率这一个，因此，确定该神经网络的输出层节点数为 1。

14.1.6　隐含层节点的选择

由前文已知，在带壳鲜花生的红外喷动床干燥实验中，温度、进口风速、助流剂质量、干燥时间均对含水率有影响，因此确定了输入层和输出层的层数。对于神经网络，确定输入层和输出层之后，最重要的一步是确定隐含层的数目以及节点数，不同隐含层数目达到的效果不一样，隐含层可以是单层或多层，虽然隐含层数目较多时可以提高所建立模型获得信息的能力，但其训练过程将变得复杂和耗费更多的时间。理论证明，在不限制隐含层神经元数量的情况下，闭区间内的连续函数可以由单个隐含层网络逼近。因此，本书确定隐含层为单隐含层，即网络结构为 4-X-1。隐含层节点数 k 可以根据公式确定。则有

$$k < n - 1 \tag{14-4}$$

$$k < \sqrt{m + n} + a \tag{14-5}$$

$$k = \log_2 n \tag{14-6}$$

$$k = 2n + 1 \tag{14-7}$$

式中，n 为输入层节点数；k 为隐含层节点数；m 为输出层节点数；a 为 0～10 之间的常数。由式（14-4）～式（14-7）确定节点数 $5 < k < 12$，进行训练分析，确定隐含层节点数。

14.1.7　隐含层节点的训练

带壳鲜花生红外-喷动床试验水分比 BP 网络建模中采用单隐含层，隐含层节点数在 5～12 范围内经测试后选取，网络拓扑结构为 4-K-1。红外-喷动床干燥水分比 BP 网络单隐含层的不同节点数的训练逼近图，如图 14-2 所示。隐含层神经元数目与 BP 神经网络 *MSE* 值和训练迭代次数的对应关系如表 14-1 所示。

表 14-1　BP 神经网络隐含层不同节点训练结果

节点数	MSE	迭代次数
6	0.00027708	22
7	0.00021792	38
8	0.00022237	30
9	0.00019414	35
10	0.00015959	29
11	0.00010258	43

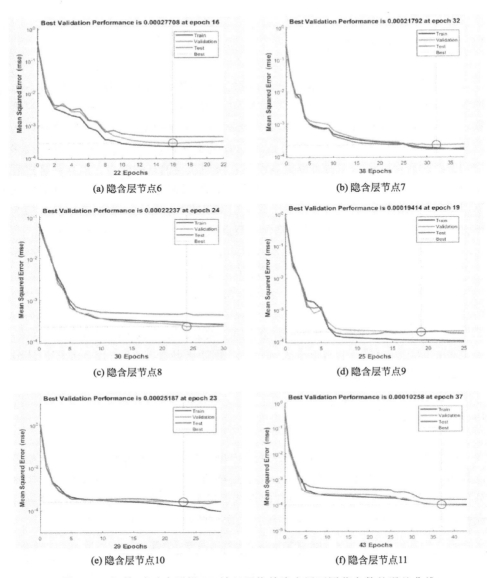

(a) 隐含层节点6　　　　　　　　　(b) 隐含层节点7

(c) 隐含层节点8　　　　　　　　　(d) 隐含层节点9

(e) 隐含层节点10　　　　　　　　(f) 隐含层节点11

图 14-2　红外-喷动床干燥 BP 神经网络单隐含层不同节点数的误差曲线

　　当隐层节点数为 11 时，对应的 MSE 值最小 0.00010258，训练迭代数为 43 时，网络训练速度较快。这些结果表明，此时 BP 神经网络模型具有高超的泛化能力；因此选择 11 为带壳鲜花生红外-喷动床试验 BP 神经网络模型单隐层节点数。

14.1.8　神经网络训练

从 600 组试验数据中，随机抽取 480 组作为训练样本数据，剩余 120 组作为测试数据，对所建立的模型进行训练，做出含水率分布曲线预测。在 BP 神经网络中，输入层试验数据经过归一化处理后输入系统；隐含层节点选择 11 个，输入层到隐含层的传递函数是 tansig-purelin 函数；设置该 BP 神经网络的学习速率是 0.06，迭代次数为 1000 次，收敛准则是 0.000001，通过不断调整权值和阈值，达到预测的效果。在确定网络模型的结构后，开始对模型进行训练。如图 14-3 所示，在时期 41 之后，获得满足误差条件的稳定预测模型，停止训练。在验证过程中，BP 神经网络模型在第 35 代表现出最佳的验证性能，最小均方误差值为 0.0020108。

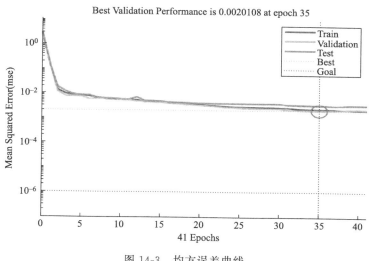

图 14-3　均方误差曲线

在训练中，图 14-4 绘出了四组试验值和预测值之间的回归拟合，如图所示，实线和虚线显示了试验值和预测值之间良好的线性拟合。在训练、测试、验证和所有数据集中，试验值与预测值吻合良好。BP 神经网络模型训练集的拟合度为 0.99538，验证集为 0.99526，测试集为 0.99418。所有样品的试验值和预测值的拟合度均高于 0.99514，表明优化后的模型与训练数据吻合，BP 神经网络模型预测的拟合度均大于 0.99，表明该模型具有较好的拟合水平。

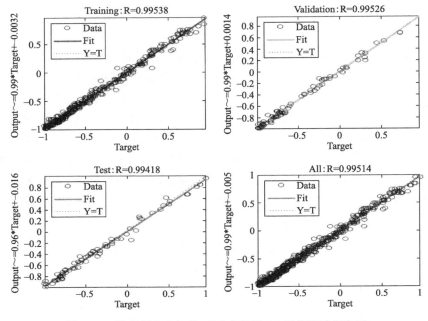

图 14-4 带壳鲜花生红外-喷动床干燥 BP 网络训练回归图

14.1.9 模型测试

图 14-5 显示了带壳鲜花生红外-喷动床干燥样品水分比预测曲线，图 14-6 显示了神经网络的预测误差曲线（误差＝试验值－预测值）。

结合图 14-5 和图 14-6 可知，在用于测试的干燥样本中，大部分数据集中在±0.04 之间，其中 39.17％误差为负值，预测值略小于实验值；60.83％误差为正值，预测值略大于实验值。其中最大误差 6.43％，最小误差 0.02％，平均误差 3.23％，三者均在误差允许的范围内。经计算，试验值与预测值之间的决定系数 R^2 为 0.99，均方根误差 $RMSE$ 为 0.02，可见 BP 神经网络具有很高的预测精度，能够很好地预测带壳鲜花生在干燥过程中的含水率。此外，如果红外-喷动床干燥过程中的外部环境参数和带壳鲜花生本身的相关参数已知，则训练后的神经网络模型可以用于预测含水率的变化，从而消除了复杂的实验检测过程，节省大量的时间和成本。

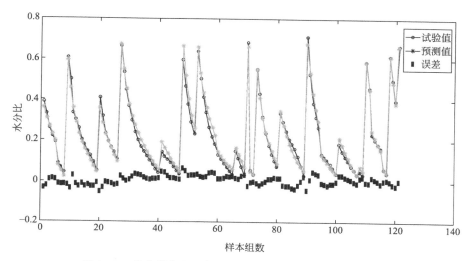

图 14-5　带壳鲜花生红外-喷动床干燥样品水分比预测曲线

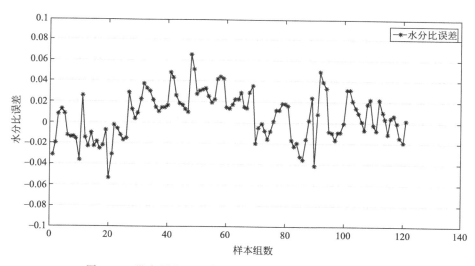

图 14-6　带壳鲜花生红外-喷动床干燥样品水分比误差曲线

14.2　模型验证

由第 13 章试验所得数据和结果，选取适用于带壳鲜花生红外喷动床干燥的 Midilli 模型与已经完成训练和测试的 BP 神经网络进行对比验证。结果如表 14-2 所示。此时以干燥温度 60℃、进口风速 18m/s 和助流剂质量 2kg 为例，对比 Midilli 模型与 BP 神经网络预测水分比的相对误差值。

表 14-2　带壳鲜花生红外-喷动床干燥试验值与预测值

序号	试验值	Midilli 模型		BP 神经网络模型	
		预测值	预测相对误差	预测值	预测相对误差
1	0.7151	0.7821	9.37%	0.7335	2.58%
2	0.5282	0.5635	6.68%	0.5143	2.63%
3	0.3833	0.4243	10.70%	0.3965	3.45%
4	0.3163	0.2791	11.76%	0.3049	3.61%
5	0.2652	0.3009	13.46%	0.2790	5.21%
6	0.2312	0.1951	15.61%	0.2425	4.89%
7	0.2051	0.2425	18.24%	0.1962	4.45%
8	0.1794	0.2123	18.34%	0.1713	4.67%
9	0.1667	0.1993	19.56%	0.1747	4.82%
10	0.1393	0.1643	17.95%	0.1444	3.63%
/	/	平均相对误差 14.17%		平均相对误差 4.38%	

由表 14-2 可知，Midilli 模型试验值与预测值吻合效果较好，整体效果基本达到预测的目的，预测值与试验值间的 R^2 为 0.9761，平均相对误差为 14.17%；而 BP 神经网络模型预测值与试验值间的 R^2 为 0.9963，平均相对误差为 4.38%。BP 神经网络模型的平均预测相对误差低于 Midilli 模型的平均预测相对误差，BP 神经网络预测准确度更高。因此，基于 BP 神经网络的带壳鲜花生红外-喷动床干燥水分比模型可以有效地预测带壳鲜花生干燥过程中的水分比变化。

14.3　本章小结

BP 神经网络能够将带壳鲜花生红外-喷动床干燥过程中所有影响因素包含于一个网络模型中，具有便捷性和准确性等方面的优势，可在食品干燥相关研究领域中进行广泛应用。本章对采用大量试验数据建立"4-11-1"拓扑结构的 BP 神经网络模型进行训练和测试，结果得到决定系数 R^2 为 0.99，均方根误差 $RMSE$ 为 0.02。使用该 BP 神经网络模型与传统经典数学模型相对比，其预测的相对误差相较于传统数学模型减少了 9.79%，表明该 BP 神经网络对带壳鲜花生红外-喷动床干燥条件下含水率有较好的预测，因此基于 BP 神经网络的水分比模型在预测带壳鲜花生红外-喷动床干燥过程中的水分变化规律更具优势。本书所建立的基于 BP 神经网络的带壳鲜花生红外-喷动床干燥模型能够较好地对带壳鲜花生试验过程中的含水率进行预测，研究结果为带壳鲜花生红外-喷动床工艺的优化提供新的研究思路和技术参考。

本篇参考文献

［1］Lindsey M, Lisa L, Almeida, et al. Acceptability of peanut skins as a natural antioxidant in flavored coated peanuts ［J］. Journal of Food Science, 2018, 83(10): 2571-2577.

［2］代文超. 花生高产种植技术及应用推广实践 ［J］. 世界热带农业信息, 2022(01): 15-16.

［3］Mohammad S, Hakimeh A, Azin A, et al. Nanoceria attenuated high glucose-induced oxidative damage in hepg2 cells. ［J］. Cell Journal, 2016, 18(1):97-102.

［4］舒垚, 刘玉兰, 姜元荣, 等. 鲜花生仁烘烤温度对花生酱风味和综合品质的影响［J］. 食品科学, 2020, 41(11):28-35.

［5］Alok P, Duy T, Hoon K, et al. Peanut skin extract mediated synthesis of gold nanoparticles, silver nanoparticles and gold – silver bionanocomposites for electrochemical Sudan IV sensing ［J］. IET Nanobio Technology, 2016, 10(6): 431-437.

［6］Zhao Z L, Wu M, Zhan Y L, et al. Characterization and purification of anthocyanins from black peanut skin by combined column chromatography ［J］. Journal of Chromatography A, 2017, 1519: 75-81.

［7］Christman L, Dean L, Allen J, et al. Peanut skin phenolic extract attenuates hyperglycemic responses in vivo and in vitro ［J］. Plos One, 2019, 14(3): 2-6.

［8］Rishipal R, Nathalie J, Priscilla D, et al. Peanut flour aggregation with polyphenolic extracts derived from peanut skin inhibits IgE binding capacity and attenuates RBL-2H3 cells degranulation via MAPK signaling pathway ［J］. Food Chemistry, 2018, 263: 307-314.

［9］Zhang Z X, Wang Q D, Zhao J Y, et al. Nutritional components comprehensive analysis of stalk and kernels in different peanut varieties ［J］. Journal of Plant Genetic Resources, 2020, 21(1): 215-223.

［10］Kumar S, Chintagunta A, Reddy M, et al. Application of phenolic extraction strategies and evaluation of the antioxidant activity of peanut skins as an agricultural by-product for food industry ［J］. Food Analytical Methods, 2021: 1-12.

［11］Mwakinyali S, Ding X, Ming Z, et al. Recent development of aflatoxin contamination biocontrol in agricultural products ［J］. Biological Control, 2019, 128: 31-39.

［12］Sharma S, Choudhary B, Yadav S, et al. Metabolite profiling identifiedpipecolic acid as an important component of peanut seed resistance against Aspergillus flavus infection ［J］. Journal of Hazardous Materials, 2021, 404(PA): 124-126.

［13］Mwakinyali S, Ding X X, Ming Z, et al. Recent development of aflatoxin contamination biocontrol in agricultural products ［J］. Biological Control, 2019, 128: 31-39.

［14］新华社. 中国将首次成为全球最大花生进口国 ［J］. 中国食品学报, 2020, 20(09):9.

［15］Pandey M, Kumar R, Pandey A, et al. Mitigating aflatoxin contamination in groundnut through a combination of genetic resistance and post-harvest management practices ［J］. Toxins, 2019, 11(6): 2-18.

［16］Sharma S, Chen C, Navathe S, et al. A halotolerant growth promoting rhizobacteria triggers inducedsystemic resistance in plants and defends against fungal infection [J]. Scientific Reports, 2019, 9(1): 541-556.

[17] 周萍, 王海燕, 胡燕. 花生的药用价值研究进展 [J]. 时珍国医国药, 2009, 20(11): 2854-2855.

[18] 刘连红, 陈飞, 张丽, 等. 花生的药用成分及其提取分离技术的研究进展 [J]. 生物加工过程, 2018, 16(04): 40-48.

[19] 张建成, 宁维光, 杨伟强, 等. 花生的药用及保健功能 [J]. 中国食物与营养, 2005(09): 44-45.

[20] 王娜, 宁灿灿, 张双双, 等. 不同产地及品种花生红衣白藜芦醇的差异化分析 [J/OL]. 花生学报:1-7.

[21] 陈海文, 徐思亮, 郭建斌, 等. 不同花生品种白藜芦醇含量鉴定评价 [J]. 中国油料作物学报, 2021, 43(05): 942-946.

[22] 尹晓峰. 辣椒渗透联合干燥特性研究 [D]. 重庆:西南大学, 2017.

[23] 王童, 杨慧, 朱广成, 等. 热风微波及其联合干燥对花生营养特性及感官品质的影响 [J]. 核农学报, 2021, 35(09): 2102-2110.

[24] 杨柳, 王超, 张国良, 等. 基于 TRNSYS 的太阳能花生干燥装置集热系统研究 [J]. 中国农机化学报, 2017, 38(09): 59-64, 80.

[25] Zhu K, Liu W, Ren G, et al. Comparative study on the resveratrol extraction rate and antioxidant activity of peanut treated by different drying methods [J]. Journal of Food Process Engineering, 2022, 45(4): e14004.

[26] Zahra M, Mahdi K, Aman M, et al. Peeling of kiwifruit using infrared heating technology: A feasibility and optimization study [J]. LWT, 2018, 99: 128-137.

[27] Salam A, Ammar B, Asaad R, et al. A comprehensivereview on infrared heating applications in food processing [J]. Molecules, 2019, 24(22): 1-21.

[28] 孙琳洁. 新型喷动床大麦干燥技术研究 [D]. 镇江:江苏大学, 2007.

[29] Bie W, Srzednicki G, Fletcher D. Hydrodynamics modeling of corn drying in a triangular spouted bed dryer [J]. Acta Horticulturae, 2013, (1011): 169-178.

[30] 段续, 周四晴, 任广跃, 等. 一种基于红外喷动床干燥的即食山药胡辣汤及其制备方法:中国, 201810274295. X [P]. 2018-07-20.

[31] Brito R, Sousa R, Bettega R, et al. Analysis of the energy performance of a modified mechanically spouted bed applied in the drying of alumina and skimmed milk [J]. Chemical Engineering and Processing, 2018, 130: 1-10.

[32] 李潇. 苹果丁压差闪蒸联合干燥机理及质构形成影响机制研究 [D]. 沈阳:沈阳农业大学, 2020.

[33] 毕金峰, 胡丽娜, 吕健, 等. 压差闪蒸联合干燥技术与动态优化策略研究进展 [J]. 食品科学技术学报, 2022, 40(01): 1-10.

[34] 王晨晨. 预处理对胡萝卜切片的射频热风联合干燥工艺及其品质的影响研究 [D]. 咸阳:西北农林科技大学, 2021.

[35] Salehi F. Recent applications and potential of infrared dryer systems for drying various agricultural products: A review [J]. International Journal of Fruit Science, 2020, 20(3): 586-602.

[36] Priyanka S, Niranjan P, Nandkishore T, et al. Infrared drying of food materials: recent advances [J]. Food Engineering Reviews, 2020, 12(12): 381-398.

[37] Zhang M, Chen H, Mujumdar A, et al. Recent developments in high-quality drying of vegeta-

bles, fruits, and aquatic products [J]. Critical Reviews in Food Science and nutrition, 2017, 57 (6): 1239-1255.

[38] 翁拓, 吴家正, 范立, 等. 粮食干燥技术的能耗浅析 [J]. 节能技术, 2014, 32(185): 212-213.

[39] 王楠, 侯旭杰. 新型加热技术在食品加工中的应用及其研究进展 [J]. 食品研究与开发, 2019, 40(04): 209-215.

[40] 葛世明. 红外加热50年从低温辐射到高红外 [C]. 全国第十七届红外加热暨红外医学发展研讨会论文及论文摘要集. 青岛: 锦州市光学学会, 2019.

[41] 侯志昀, 段续, 任广跃, 等. 喷动床在农产品干燥中的研究进展 [J]. 食品与发酵工业, 2021, 47(04): 275-283.

[42] 马立, 段续, 任广跃, 等. 红外-喷动床联合干燥设备研制与分析 [J]. 食品与机械, 2021, 37 (02): 119-124, 129.

[43] 杨春玲. 三维整体式多喷嘴喷动-流化床内气固两相流动实验与数值模拟研究 [D]. 西安: 西北大学, 2020.

[44] Pablos A, Aguado R, Vicente J, et al. Elutriation, attrition and segregation in a conical spouted bed with a fountain confiner [J]. Particuology, 2020, 51(08): 35-44.

[45] Barros J, Brito R, Freire F, et al. Fluid dynamic analysis of a modified mechanical stirring spouted bed: effect of particle properties and stirring rotation [J]. Industrial & Engineering Chemistry Research, 2020, 59(37): 16396-16406.

[46] Salehi F, Kashaninejad M, Jafarianlari A. Drying kinetics and characteristics of combined infrared-vacuum drying of button mushroom slices [J]. Heat and Mass Transfer, 2016, 53 (5): 1751-1759.

[47] Ratseewo J, Meeso N, Siriamornpun S. Changes in amino acids and bioactive compounds of pigmented rice as affected by far-infrared radiation and hot air drying [J]. Food Chemistry, 2020, 306(10): 3-12.

[48] 段续, 张萌, 任广跃, 等. 玫瑰花瓣红外喷动床干燥模型及品质变化 [J]. 农业工程学报, 2020, 36(8): 238-244.

[49] Alizehi M, Niakousari M, Fazaeli M, et al. Modeling of vacuum- and ultrasound-assisted osmodehydration of carrot cubes followed by combined infrared and spouted bed drying using artificial neural network and regression models [J]. Journal of Food Process Engineering, 2020, 43(12): 1-16.

[50] Hürdoğan E, Çerçi K, Saydam D, et al. Experimental and modeling study of peanut drying in a solar dryer with a novel type of a drying chamber [J]. Energy Sources, Part A: Recovery, Utilization, and Environmental Effects, 2021: 1-24.

[51] 渠琛玲, 王雪珂, 汪紫薇, 等. 花生果常温通风干燥实验研究 [J]. 中国粮油学报, 2020, 35 (01): 121-125.

[52] 宋晓峰, 付春, 鲁成凯, 等. 不同品种花生荚果自然干燥速率的研究 [J]. 农业与技术, 2021, 41(04): 4-6.

[53] 杨潇. 新鲜花生热风干燥试验研究 [D]. 北京: 中国农业机械化科学研究院, 2017.

[54] 林子木, 赵卉, 李玉, 等. 花生热风干燥特性及动力学模型的研究 [J]. 农业科技与装备, 2020 (02): 31-33.

[55] 王安建, 高帅平, 田广瑞, 等. 花生热泵干燥特性及动力学模型 [J]. 农产品加工, 2015(09):

57-60.

[56] 卢映洁. 带壳鲜花生热风-热泵联合干燥及贮藏过程中生物特性的研究 [D]. 洛阳:河南科技大学, 2020.

[57] Qu C, Wang Z, Jin X, et al. A moisture content prediction model for deep bed peanut drying using support vector regression [J]. Journal of Food Process Engineering, 2020, 43(11): e13510.

[58] 朱凯阳, 任广跃, 段续, 等. 不同干燥方式对新鲜花生营养成分、理化特性及能耗的影响 [J/OL]. 食品与发酵工业:1-11.

[59] Chai H, Chen X, Cai Y, et al. Artificial neural network modeling for predicting wood moisture content in high frequency vacuum drying process [J]. Forests, 2018, 10(1): 16.

[60] Li X, Zhu C, Fu Z, et al. Rapid detection of soil moisture content based on UAV multispectral image [J]. Spectroscopy and Spectral Analysis, 40(4): 1238.

[61] Han W, Chu J. Research and development of starch moisture measurement system [C]. 2020 Chinese Automation Congress (CAC). IEEE, 2020: 1279-1286.

[62] Chen H, Sun S, Zhang B. Forecasting N2O emission and nitrogen loss from swine manure composting based on BP neural network [C]. MATEC Web of Conferences. EDP Sciences, 2019, 277: 01010.

[63] Yu X, Zhuo W, Li X, et al. Rapid prediction of potato leaf moisture content [C]. Infrared, Millimeter-Wave, and Terahertz Technologies VII. International Society for Optics and Photonics, 2020, 11559: 115590Y.

[64] Qin W, Fan G. Estimating parameters for the Van Genuchten model from soil physical-chemical properties of undisturbed loess-soil [J]. Earth Science Informatics, 2021, 14(3): 1563-1570.

[65] 朱凯阳, 任广跃, 段续, 等. 基于 BP 神经网络带壳鲜花生红外-喷动干燥含水率预测 [J/OL]. 食品科学:1-16.

[66] 张利娟, 耿令新, 金鑫, 等. 基于 BP 神经网络的小麦真空干燥含水率预测模型 [J]. 河南工业大学学报(自然科学版), 2016, 37(03): 101-106.

[67] 李菁. 农产品干燥技术装备发展现状 [J]. 农机使用与维修, 2021(07): 137-138.

[68] 焦焕然, 张敏敏, 赵恒强, 等. 不同热风干燥方式对瓜蒌化学成分的影响 [J/OL]. 中国实验方剂学杂志:1-9.

[69] Ratseewo J, Meeso N, Siriamornpun S, et al. Changes in amino acids and bioactive compounds of pigmented rice as affected by far-infrared radiation and hot air drying [J]. Food Chemistry, 2020, 306: 1-12.

[70] 曲文娟, 凡威, 朱亚楠, 等. 变温滚筒催化红外-热风干燥核桃营养品质研究 [J]. 食品工业科技, 2021, 42(24): 205-215.

[71] Filippin A, Molina F, Fadel V, et al. Thermal intermittent drying of apples and its effects on energy consumption [J]. Drying Technology, 2018, 36(14): 1662-1677.

[72] Seremet L, Botez E, Nistoro V, et al. Effect of different drying methods on moisture ratio and rehydration of pumpkin slices [J]. Food Chemistry, 2016, 195(6): 104-109.

[73] 臧容宇. 燕麦籽粒硬度影响因素及其与品质关系的研究 [D]. 西安:陕西师范大学, 2018.

[74] Zhu K, Li L, Ren G, et al. Efficient production of dried whole peanut fruits based on infrared assisted spouted bed drying [J]. Foods, 2021, 10(10): 2383.

[75] 卢映洁, 任广跃, 段续, 等. 热风干燥过程中带壳鲜花生水分迁移特性及品质变化 [J]. 食品科

学，2020，41(07)：86-92.

[76] 魏晋梅，刘彩云，方彦，等. 沙棘果油脂肪酸与微量元素测定 [J]. 食品与发酵工业，2021，47 (02)：268-273.

[77] 王梦洋，王大红，宋鹏辉，等. 多菌种发酵的板栗红枣果醋品质分析 [J]. 食品与发酵工业，2020，46(18)：143-147.

[78] Ahmad S, Marhaban M, SOH A. Infrared heating in food drying: an overview [J]. Drying Technology, 2015, 33(3): 322-335.

[79] Liu Y, Sun C, Lei Y, et al. Contact ultrasound strengthened far-infrared radiation drying on pear slices: Effects on drying characteristics, microstructure, and quality attributes [J]. Drying Technology, 2019, 37(6): 745-758.

[80] Abbas A, Islam A, Othman N, et al. Effect of heating on oxidation stability and fatty acid composition of microwave roasted groundnut seed oil [J]. Journal of Food Science and Technology, 2017, 54(13): 4335-4343.

[81] Shi R, Guo Y, Vriesekoop F, et al. Improving oxidative stability of peanut oil under microwave treatment and deep fat frying by stearic acid-surfacant-tea polyphenols complex [J]. European Journal of Lipid Science & Technology, 2015, 117(7): 1008-1015.

[82] 王海鸥，胡志超，陈守江，等. 收获时期及干燥方式对花生品质的影响 [J]. 农业工程学报，2017，33(22)：292-300.

[83] 医学名词审定委员会肠外肠内营养学名词审定分委员会. 肠外肠内营养学名词 [M]. 北京：科学出版社，2019：22-47.

[84] 戚繁. 美拉德反应在食品工业中的研究进展 [J]. 现代食品，2020(19)：44-46.

[85] 刘雷. 美拉德反应对花生分离蛋白结构及酶解特性影响研究 [D]. 广州：华南理工大学，2017.

[86] 李振杰. 浅谈电磁辐射生物学效应 [N]. 上海科技报，2016-03-25(005).

[87] Xiao H, Mujumdar A. Importance of drying in support of human welfare [J]. Drying Technology, 2020, 38(12): 1542-1543.

[88] Liu Z, Bai J, Wang S, et al. Prediction of energy and exergy of mushroom slices drying in hot air impingement dryer by artificial neural network [J]. Drying Technology, 2019, 38: 1-12.

[89] Araujo W, Goneli A, Corrêa P, et al. Mathematical modelling of thin-layer drying in peanut fruit [J]. Revista Ciência Agronômica, 2017, 48(3): 448-457.

[90] Bagheri H, Kashaninejad M, Ziaiifar M, et al. Novel hybridized infrared-hot air method for roasting of peanut kernels [J]. Innov. Food Sci. Emerg. Technol. 2016, 37: 106-114.

[91] Nosrati M, Zare D, Singh C, et al. New approach in determination of moisture diffusivity for rough rice components in combined far-infrared drying by finite element method [J]. Drying Technology, 2020, 38(13): 1721-1732.

[92] Liu Y, Sun C, Lei Y, et al. Contact ultrasound strengthened far-infrared radiation drying on pear slices: Effects on drying characteristics, microstructure, and quality attributes [J]. Drying Technology, 2019, 37(6): 745-758.

[93] Li L, Chen J, Zhou S, et al. Quality evaluation of probiotics enriched Chinese yam snacks produced using infrared-assisted spouted bed drying [J]. Journal of Food Processing and Preservation, 2021, 45(4): e15358.

[94] Manshadi A, Peighambardoust S, Damirchi S, et al. Effect of infrared‐assisted spouted bed drying of flaxseed on the quality characteristics of its oil extracted by differentmethods [J]. Journal of the Science of Food and Agriculture, 2020, 100(1): 74-80.

[95] Lewis M, Trabelsi S, Nelson S. Assessing the utility of microwave kernel moisture sensing in peanut drying [J]. Applied Engineering in Agriculture, 2016, 32(6): 707-712.

[96] Wang N, Qian W, Zhou Y. Effect of drying methods on the antioxidant activity of peanut flour fermented with lactobacillus casei LC35 [C]. Advanced Materials Research. Trans Tech Publications Ltd, 2012, 554: 1095-1098.

[97] Manbeck H, Nelson G, Lynd J, et al. Anaerobic and aerobic vacuum techniques for mycotoxin-free peanut drying [J]. Transactions of the ASAE, 1970, 13(1): 93-98.

[98] Keramat M, Mohtasebi S, Mousazadeh H, et al. Real-time moisture ratio study of drying date fruit chips based on on-line image attributes using kNN and random forest regression methods [J]. Measurement, 2021, 172(108): 1-11.

[99] 段柳柳, 段续, 任广跃. 怀山药微波冻干过程的水分扩散特性及干燥模型 [J]. 食品科学, 2019, 40(01): 23-30.

[100] 孙俊, 唐凯, 毛罕平, 等. 基于 MEA-BP 神经网络的大米水分含量高光谱技术检测 [J]. 食品科学, 2017, 38(10): 272-276.

[101] 张驰, 郭媛, 黎明. 人工神经网络模型发展及应用综述 [J]. 计算机工程与应用, 2021, 57(11): 57-69.

[102] 王吉权. BP 神经网络的理论及其在农业机械化中的应用研究 [D]. 沈阳:沈阳农业大学, 2011: 15-20.

[103] Akbar A, Kuanar A, Patnaik J, et al. Application of artificial neural network modeling for optimization and prediction of essen-tial oil yield in turmeric (Curcuma longa L.) [J]. Computers and Electronics in Agriculture, 2018, 148(5): 160-178.

[104] Wang S, Zhang N, Wu L, et al. Wind speed forecasting based on the hybrid ensemble empirical mode decomposition and GA-BP neural network method [J]. Renewable Energy, 2016, 94(8): 629-636.

[105] 李凯旋, 詹萍, 田洪磊, 等. 基于 GA-BP 神经网络的蒜香调味粉制备工艺优化 [J]. 中国食品学报, 2020, 20(10): 150-159.

[106] 未志胜, 詹萍, 田洪磊, 等. 基于 GA-BP 神经网络的鹰嘴豆美拉德肽的定向制备 [J]. 中国食品学报, 2019, 19(09): 147-153.

[107] 姜鹏飞, 吴吉玲, 黄一珍, 等. 基于人工神经网络的大西洋鲭鱼烘烤过程中水分和色度值预测模型 [J]. 食品研究与开发, 2021, 42(07): 13-19.

[108] 王玉环, 陈季旺, 单金卉, 等. 基于人工神经网络模型预测油炸外裹糊鱼块的水分和油脂含量 [J]. 武汉轻工大学学报, 2018, 37(03): 1-11.

[109] 闻新, 李新, 张兴旺, 等. 应用 MATLAB 实现神经网络 [M]. 北京:国防工业出版社, 2015:2-15.

[110] Fu Z, Avramidis S, Zhao J, et al. Artificial neural network modeling for predicting elastic strain of white birch disks during drying [J]. European Journal of Wood and Wood Products, 2017, 75(6): 949-955.

[111] 李超新, 张学军, 朱自成. 基于神经网络红枣红外辐射干燥预测模型建立 [J]. 农机化研究, 2015, 37(05): 220-223.